중학수학

절대강자

개념에 강하다! 연산에 강하다!

개념 + 연산

2·1

구성과 특징

Construction & Feature

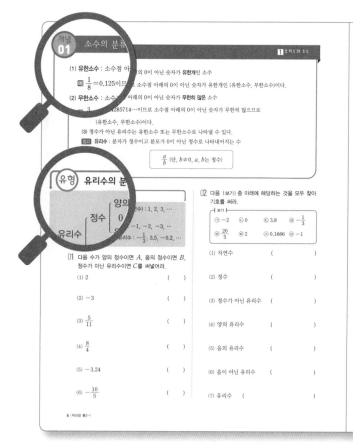

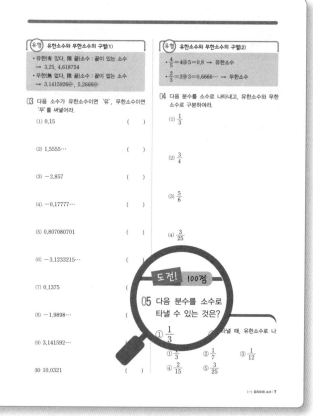

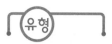

단원별로 꼭 알아야 하는 기본 개념을 알기 쉽게 정리한 예를 통하여 다시 한 번 확인할 수 있도록 하였습니다.

유형별로 개념을 익힌 후 시험에 나오는 형태의 문제를 풀어 볼 수 있도록 하였습니다.

개념을 유형별로 세분화하여 단계별 학습을 할 수 있도록 설계하였습니다.
또한, 유형별 기초 연산 문제를 반복적으로 풀어 보면서 개념을 확실히 익힐 수 있도록 하였습니다.

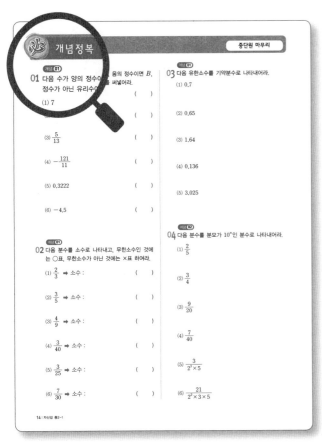

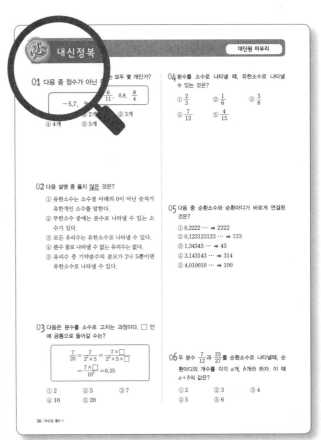

개념정복 (왼쪽 페이지)

개념정복   중단원 마무리

개념 01
01 다음 수가 양의 정수이면 ○, 음의 정수이면 B, 정수가 아닌 유리수이면 □를 써넣어라.

(1) 7 ( )

(3) $\frac{5}{13}$ ( )

(4) $-\frac{121}{11}$ ( )

(5) 0.3222 ( )

(6) -4.5 ( )

개념 01
02 다음 분수를 소수로 나타내고, 무한소수인 것에는 ○표, 무한소수가 아닌 것에는 ×표 하여라.

(1) $\frac{2}{3}$ ➡ 소수 :   ( )

(2) $\frac{3}{5}$ ➡ 소수 :   ( )

(3) $\frac{4}{9}$ ➡ 소수 :   ( )

(4) $\frac{3}{40}$ ➡ 소수 :   ( )

(5) $\frac{3}{25}$ ➡ 소수 :   ( )

(6) $\frac{7}{30}$ ➡ 소수 :   ( )

개념 01
03 다음 유한소수를 기약분수로 나타내어라.

(1) 0.7 ( )

(2) 0.65 ( )

(3) 1.64 ( )

(4) 0.136 ( )

(5) 3.025 ( )

개념 02
04 다음 분수를 분모가 10^n인 분수로 나타내어라.

(1) $\frac{2}{5}$

(2) $\frac{3}{4}$

(3) $\frac{9}{20}$

(4) $\frac{7}{40}$

(5) $\frac{3}{2^3 \times 5}$

(6) $\frac{21}{2^2 \times 3 \times 5}$

내신정복 (오른쪽 페이지)

내신정복   대단원 마무리

01 다음 중 정수가 아닌 수는 모두 몇 개인가?

$$-5.7, \quad 9\frac{6}{11}, \quad 0.8, \quad \frac{8}{4}$$

①   ② 2개   ③ 3개
④ 4개   ⑤ 5개

02 다음 설명 중 옳지 <u>않은</u> 것은?

① 유한소수는 소수점 아래의 0이 아닌 숫자가 유한개인 소수를 말한다.
② 무한소수 중에는 분수로 나타낼 수 있는 소수가 있다.
③ 모든 유리수는 유한소수로 나타낼 수 있다.
④ 분수 꼴로 나타낼 수 없는 유리수는 없다.
⑤ 유리수 중 기약분수의 분모가 2나 5뿐이면 유한소수로 나타낼 수 있다.

03 다음은 분수를 소수로 고치는 과정이다. □ 안에 공통으로 들어갈 수는?

$$\frac{7}{20} = \frac{7}{2^2 \times 5} = \frac{7 \times \square}{2^2 \times 5 \times \square}$$
$$= \frac{7 \times \square}{10^2} = 0.35$$

① 2   ② 5   ③ 7
④ 10   ⑤ 20

04 분수를 소수로 나타낼 때, 유한소수로 나타낼 수 있는 것은?

① $\frac{2}{3}$ ② $\frac{1}{6}$ ③ $\frac{3}{8}$
④ $\frac{7}{12}$ ⑤ $\frac{4}{15}$

05 다음 중 순환소수와 순환마디가 바르게 연결된 것은?

① $0.2222\cdots$ ➡ 2222
② $0.123123123\cdots$ ➡ 123
③ $1.34343\cdots$ ➡ 43
④ $3.143143\cdots$ ➡ 314
⑤ $4.010010\cdots$ ➡ 100

06 두 분수 $\frac{7}{12}$과 $\frac{25}{27}$를 순환소수로 나타낼때, 순환마디의 개수를 각각 a개, b개라 하자. 이 때 $a+b$의 값은?

① 2   ② 3   ③ 4
④ 5   ⑤ 6

개념정복

앞에서 배운 내용을 중단원별로 다시 한 번 학습함으로써 개념을 확실히 정복할 수 있도록 하였습니다.

내신정복

실전 예상 문제를 풀어봄으로써 학교 시험을 완벽 대비할 수 있도록 하였습니다.

I 수와 연산

(1) **유한소수** : 소수점 아래의 0이 아닌 숫자가 **유한개**인 소수

  예 $\frac{1}{8}=0.125$이므로 소수점 아래의 0이 아닌 숫자가 유한개인 (유한소수, 무한소수)이다.

(2) **무한소수** : 소수점 아래의 0이 아닌 숫자가 **무한히 많은** 소수

  예 $\frac{3}{7}=0.4285714\cdots$이므로 소수점 아래의 0이 아닌 숫자가 무한히 많으므로

  (유한소수, 무한소수)이다.

(3) 정수가 아닌 유리수는 유한소수 또는 무한소수로 나타낼 수 있다.

  참고 **유리수** : 분자가 정수이고 분모가 0이 아닌 정수로 나타내어지는 수

$$\frac{a}{b} \ (단, \ b\neq0, \ a, \ b는 \ 정수)$$

유형 **유리수의 분류**

$$유리수 \begin{cases} 정수 \begin{cases} 양의 \ 정수(자연수) : 1, \ 2, \ 3, \ \cdots \\ 0 \\ 음의 \ 정수 : -1, \ -2, \ -3, \ \cdots \end{cases} \\ 정수가 \ 아닌 \ 유리수 : -\frac{1}{3}, \ 3.5, \ -0.2, \ \cdots \end{cases}$$

01 다음 수가 양의 정수이면 A, 음의 정수이면 B, 정수가 아닌 유리수이면 C를 써넣어라.

(1) 2   (   )

(2) -3 (   )

(3) $\frac{5}{11}$ (   )

(4) $\frac{8}{4}$ (   )

(5) -3.24 (   )

(6) $-\frac{10}{5}$ (   )

02 다음 l보기l 중 아래에 해당하는 것을 모두 찾아 기호를 써라.

┌ 보기 ├──────────────────
│ ㉠ -2 ㉡ 0   ㉢ 3.8   ㉣ $-\frac{1}{3}$
│ ㉤ $\frac{20}{5}$ ㉥ 2   ㉦ 0.1666   ㉧ -1
└─────────────────────────

(1) 자연수   (   )

(2) 정수   (   )

(3) 정수가 아닌 유리수   (   )

(4) 양의 유리수   (   )

(5) 음의 유리수   (   )

(6) 음이 아닌 유리수   (   )

(7) 유리수   (   )

- 유한(有 있다, 限 끝)소수 : 끝이 있는 소수
  → 3.25, 4.618754
- 무한(無 없다, 限 끝)소수 : 끝이 없는 소수
  → 3.1415926···, 5.2666···

03 다음 소수가 유한소수이면 '유', 무한소수이면 '무'를 써넣어라.

(1) 0.15   (   )

(2) 1.5555···   (   )

(3) −2.857   (   )

(4) −0.17777···   (   )

(5) 0.807080701   (   )

(6) −3.1233215···   (   )

(7) 0.1375   (   )

(8) −1.9898···   (   )

(9) 3.141592···   (   )

(10) 10.0321   (   )

- $\dfrac{4}{5} = 4 \div 5 = 0.8$ → 유한소수
- $\dfrac{2}{3} = 2 \div 3 = 0.6666\cdots$ → 무한소수

04 다음 분수를 소수로 나타내고, 유한소수와 무한소수로 구분하여라.

(1) $\dfrac{1}{3}$

(2) $\dfrac{3}{4}$

(3) $\dfrac{5}{6}$

(4) $\dfrac{3}{25}$

(5) $-\dfrac{3}{8}$

도전! 100점

05 다음 분수를 소수로 나타낼 때, 유한소수로 나타낼 수 있는 것은?

① $\dfrac{1}{3}$ ② $\dfrac{1}{7}$ ③ $\dfrac{1}{12}$

④ $\dfrac{2}{15}$ ⑤ $\dfrac{3}{25}$

(1) 모든 유한소수는 분모가 10의 거듭제곱꼴(10^n)인 분수로 나타낼 수 있다.

예 $0.3 = \dfrac{3}{10}$, $0.12 = \dfrac{12}{10^2}$, $0.315 = \dfrac{315}{10^{\square}}$

(2) 유한소수로 나타낼 수 있는 분수

기약분수에서 **분모의 소인수가 2나 5뿐**이면 분모가 10^n인 분수로 바꿀 수 있으므로 유한소수로 나타낼 수 있다.

예 $\dfrac{9}{20} = \dfrac{9}{2^2 \times 5}$ 에서 분모의 소인수는 2나 $\square$ 뿐이다.

따라서 $\dfrac{9}{20}$ 는 (유한소수, 무한소수)로 나타낼 수 있다.

유형 유한소수를 분수로 나타내기

- $0.5 = \dfrac{5}{10} = \dfrac{1}{2}$
- $0.75 = \dfrac{75}{100} = \dfrac{3}{4} = \dfrac{3}{2^2}$
- $0.26 = \dfrac{26}{100} = \dfrac{13}{20} = \dfrac{13}{2^2 \times 5}$

01 다음 유한소수를 기약분수로 나타내어라.

(1) 0.6

(2) 0.42

(3) 0.24

(4) 0.375

(5) 0.1375

(6) 1.2

(7) 0.75

(8) 1.85

(9) −3.14

(10) 4.36

(11) −6.25

(12) 2.048

$$\cdot \overset{3}{\underset{25}{\frac{9}{75}}} \xrightarrow[\text{분수}]{\text{기약}} \frac{3}{5^2} \xrightarrow[\text{2, 5의 지수 같게}]{\text{분모의 소인수}} \frac{3 \times 2^2}{5^2 \times 2^2} = \frac{12}{10^2}$$

02 다음 분수를 분모가 10^n인 분수로 나타내어라.

(1) $\dfrac{3}{5}$

(2) $\dfrac{3}{8}$

(3) $\dfrac{1}{20}$

(4) $\dfrac{1}{25}$

(5) $\dfrac{7}{20}$

(6) $\dfrac{7}{50}$

(7) $\dfrac{11}{40}$

(8) $\dfrac{4}{125}$

$$\cdot \frac{3}{50} = \frac{3}{2 \times 5^2} = \frac{3 \times 2}{2 \times 5^2 \times 2}$$
$$= \frac{6}{2^2 \times 5^2} = \frac{6}{10^2} = 0.06$$
$$\underset{\text{2개}}{\underbrace{}}$$

03 다음 분수의 분모를 10의 거듭제곱으로 고쳐서 유한소수로 나타내어라.

(1) $\dfrac{1}{2^3}$

(2) $\dfrac{2}{5^2}$

(3) $\dfrac{1}{2 \times 5^2}$

(4) $\dfrac{3}{2^2 \times 5}$

(5) $\dfrac{26}{2^3 \times 5^2}$

(6) $\dfrac{7}{2^2 \times 5 \times 7}$

(7) $\dfrac{63}{2^3 \times 5^3 \times 7}$

(8) $\dfrac{21}{2^3 \times 3 \times 5}$

분모의 소인수가 2나 5뿐이면 유한소수이다.

$$\cdot \frac{\overset{3}{\cancel{21}}}{2^2 \times 5 \times \cancel{7}} = \frac{3}{2^2 \times 5} \xrightarrow[\text{2, 5뿐}]{\text{분모의 소인수}} \text{유한소수}$$

$$\cdot \frac{\cancel{3}}{2^2 \times \cancel{3} \times 7} = \frac{1}{2^2 \times 7} \xrightarrow[\text{2, 7}]{\text{분모의 소인수}} \text{무한소수}$$

04 다음 분수를 기약분수로 나타냈을 때의 분모의 소인수를 구하고 소수로 나타낼 때 유한소수는 '유', 무한소수는 '무'를 써넣어라.

(1) $\dfrac{8}{20}$

＿＿＿＿＿ (   )

(2) $\dfrac{10}{24}$

＿＿＿＿＿ (   )

(3) $\dfrac{17}{45}$

＿＿＿＿＿ (   )

(4) $\dfrac{3}{30}$

＿＿＿＿＿ (   )

(5) $\dfrac{6}{40}$

＿＿＿＿＿ (   )

(6) $\dfrac{18}{72}$

＿＿＿＿＿ (   )

05 다음 분수를 소수로 나타낼 때, 유한소수는 '유', 무한소수는 '무'를 써넣어라.

(1) $\dfrac{3}{2 \times 5^3}$ (   )

(2) $\dfrac{1}{2^2 \times 3 \times 5}$ (   )

(3) $\dfrac{15}{2^2 \times 5 \times 7}$ (   )

(4) $\dfrac{6}{2 \times 3^6 \times 5}$ (   )

(5) $\dfrac{7}{2 \times 5^2 \times 7}$ (   )

(6) $\dfrac{18}{2 \times 3^2 \times 5^2}$ (   )

(7) $\dfrac{21}{180}$ (   )

(8) $\dfrac{14}{280}$ (   )

유한소수와 무한소수의 구별(3)

분수를 기약분수로 나타낸 후 분모를 소인수분해 했을때,

① 분모의 소인수가 2나 5뿐이면 유한소수로 나타낼 수 있다.

② 분모의 소인수 중에서 2나 5 이외의 소인수가 있으면 유한소수로 나타낼 수 없다.

→ 무한소수가 된다.

06 유한소수로 나타낼 수 있는 분수를 모두 찾아 ○표 하여라.

(1)
$$\frac{1}{2}, \quad \frac{1}{5}, \quad \frac{1}{8}, \quad \frac{1}{11}, \quad \frac{1}{14}$$

(2)
$$\frac{1}{4}, \quad \frac{5}{6}, \quad \frac{3}{8}, \quad \frac{7}{10}, \quad \frac{11}{12}$$

(3)
$$\frac{2}{3}, \quad \frac{3}{5}, \quad \frac{4}{7}, \quad \frac{5}{8}, \quad \frac{6}{25}$$

(4)
$$\frac{1}{3}, \quad \frac{2}{7}, \quad \frac{3}{2}, \quad \frac{2}{9}, \quad \frac{3}{5}$$

(5)
$$\frac{2}{27}, \quad \frac{12}{40}, \quad \frac{5}{12}, \quad \frac{7}{20}, \quad \frac{11}{110}$$

07 다음 분수를 소수로 나타낼 때, 유한소수로 나타낼 수 있는 것에는 ○표, 나타낼 수 없는 것에는 ×표를 하여라.

(1) $\dfrac{10}{27}$　　　　　　（　　　）

(2) $\dfrac{13}{52}$　　　　　　（　　　）

(3) $\dfrac{21}{500}$　　　　　　（　　　）

(4) $\dfrac{36}{2 \times 3^2 \times 5}$　　　　　　（　　　）

(5) $\dfrac{45}{2 \times 3^3 \times 5^2}$　　　　　　（　　　）

(6) $\dfrac{70}{2 \times 3 \times 5^2 \times 7^2}$　　　　　　（　　　）

분수를 기약분수로 나타낸후, 분모의 소인수가 2나 5만 남도록 한다.

- $\dfrac{1}{2\times5\times7}\times7=\dfrac{1}{2\times5}$ → 유한소수

08 다음 유리수가 유한소수로 나타내어질 때, □ 안에 알맞은 가장 작은 자연수를 써넣어라.

(1) $\dfrac{1}{3\times5}\times\square$

(2) $\dfrac{1}{5\times7}\times\square$

(3) $\dfrac{1}{2^2\times3}\times\square$

(4) $\dfrac{1}{2^2\times5\times7}\times\square$

(5) $\dfrac{7}{2\times3\times5^2\times7}\times\square$

(6) $\dfrac{11}{2^3\times5^2\times11\times13}\times\square$

(7) $\dfrac{3}{5\times3^3}\times\square$

(8) $\dfrac{5}{350}\times\square$

(9) $\dfrac{9}{220}\times\square$

분수를 기약분수로 나타낸후, 분모의 소인수가 2나 5만 남도록 한다.

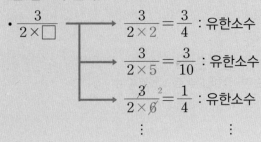

09 다음 분수가 유한소수가 되도록 하는 x의 값을 모두 찾아 ○표 하여라.

(1) $\dfrac{3}{2\times x}$ 3, 6, 7, 11, 13

(2) $\dfrac{7}{5\times x}$ 3, 7, 11, 13, 14

(3) $\dfrac{15}{2\times5\times x}$ 3, 7, 8, 11, 13

(4) $\dfrac{3}{2^2\times5\times x}$ 3, 7, 11, 13, 15

(5) $\dfrac{21}{2^2\times3\times x}$ 3, 6, 7, 10, 11

(6) $\dfrac{42}{3\times5^2\times x}$ 3, 7, 11, 13, 14

(7) $\dfrac{26}{2^2\times5\times x}$ 7, 8, 11, 13, 17

$\bullet \dfrac{3 \times a}{35}$ $\xrightarrow[\text{소인수분해}]{\text{분모의}}$ $\dfrac{3 \times a}{5 \times 7}$ $\xrightarrow[\text{7 없애기}]{\text{분모의}}$ $\dfrac{3 \times 7}{5 \times 7} = \dfrac{3}{5}$

$\qquad\qquad\qquad\qquad\qquad \therefore a = 7$

10 다음 분수가 유한소수가 되도록 하는 가장 작은 자연수 a의 값을 구하고, 분수를 기약분수로 나타내어라.

(1) $\dfrac{a}{6}$

(2) $\dfrac{a}{14}$

(3) $\dfrac{a}{12}$

(4) $\dfrac{a}{55}$

(5) $\dfrac{a}{28}$

(6) $\dfrac{a}{60}$

(7) $\dfrac{a}{30}$

(8) $\dfrac{a}{75}$

(9) $\dfrac{a}{105}$

(10) $\dfrac{7 \times a}{90}$

(11) $\dfrac{7 \times a}{98}$

(12) $\dfrac{11 \times a}{120}$

(13) $\dfrac{5 \times a}{140}$

(14) $\dfrac{3 \times a}{490}$

도전! 100점

11 A가 자연수일 때, $\dfrac{17}{84} \times A$를 소수로 나타내면 유한소수가 된다고 한다. 이때, 가장 작은 자연수 A는?

① 11 　　② 13 　　③ 21
④ 17 　　⑤ 34

12 다음 분수를 소수로 나타낼 때, 유한소수가 <u>아닌</u> 것은?

① $\dfrac{11}{40}$ 　　② $\dfrac{3}{32}$ 　　③ $\dfrac{21}{150}$
④ $\dfrac{14}{5 \times 7^2}$ 　　⑤ $\dfrac{45}{2^2 \times 3 \times 5^2}$

개념 **01**

01 다음 수가 양의 정수이면 A, 음의 정수이면 B, 정수가 아닌 유리수이면 C를 써넣어라.

(1) 7　　　　　　　　　　　(　)

(2) -9　　　　　　　　　　(　)

(3) $\dfrac{5}{13}$　　　　　　　　　　(　)

(4) $-\dfrac{121}{11}$　　　　　　　　(　)

(5) 0.3222　　　　　　　　(　)

(6) -4.5　　　　　　　　　(　)

개념 **01**

02 다음 분수를 소수로 나타내고, 무한소수인 것에는 ○표, 무한소수가 아닌 것에는 ×표 하여라.

(1) $\dfrac{2}{3}$ ➡ 소수 :　　　　　(　)

(2) $\dfrac{3}{5}$ ➡ 소수 :　　　　　(　)

(3) $\dfrac{4}{9}$ ➡ 소수 :　　　　　(　)

(4) $\dfrac{3}{40}$ ➡ 소수 :　　　　　(　)

(5) $\dfrac{3}{25}$ ➡ 소수 :　　　　　(　)

(6) $\dfrac{7}{30}$ ➡ 소수 :　　　　　(　)

개념 **01**

03 다음 유한소수를 기약분수로 나타내어라.

(1) 0.7

(2) 0.65

(3) 1.64

(4) 0.136

(5) 3.025

개념 **02**

04 다음 분수를 분모가 10^n인 분수로 나타내어라.

(1) $\dfrac{2}{5}$

(2) $\dfrac{3}{4}$

(3) $\dfrac{9}{20}$

(4) $\dfrac{7}{40}$

(5) $\dfrac{3}{2^3 \times 5}$

(6) $\dfrac{21}{2^2 \times 3 \times 5}$

05 분수 $\dfrac{a}{2^3 \times 3 \times 5^2 \times 7}$ 를 소수로 나타낼 때, a의 값에 따라 유한소수이면 '유', 무한소수이면 '무'를 써넣어라.

(1) $a=14$ (   )

(2) $a=21$ (   )

(3) $a=42$ (   )

(4) $a=64$ (   )

(5) $a=81$ (   )

06 분수 $\dfrac{27}{2 \times 3^2 \times 5 \times x}$ 를 소수로 나타낼 때, x의 값에 따라 유한소수이면 ◯표, 무한소수이면 ×표를 하여라.

(1) $x=6$ (   )

(2) $x=15$ (   )

(3) $x=18$ (   )

(4) $x=21$ (   )

(5) $x=30$ (   )

07 다음 유리수가 유한소수로 나타내어질 때, ☐ 안에 알맞은 가장 작은 자연수를 써넣어라.

(1) $\dfrac{5}{12} \times \boxed{}$

(2) $\dfrac{9}{14} \times \boxed{}$

(3) $\dfrac{11}{30} \times \boxed{}$

(4) $\dfrac{3}{55} \times \boxed{}$

(5) $\dfrac{39}{66} \times \boxed{}$

(6) $\dfrac{11}{210} \times \boxed{}$

(7) $\dfrac{9}{3 \times 5 \times 13} \times \boxed{}$

(8) $\dfrac{20}{2^3 \times 3 \times 7} \times \boxed{}$

(9) $\dfrac{21}{3^2 \times 5 \times 11} \times \boxed{}$

(1) **순환소수** : 소수점 아래의 어떤 자리에서부터 일정한 숫자의 배열이 **한없이** 되풀이되는 무한소수

예 $\dfrac{1}{3}=0.3333\cdots$이므로 소수점 아래에서 숫자 ☐이 한없이 되풀이되므로 순환소수이다.

(2) **순환마디** : 순환소수의 소수점 아래에서 되풀이되는 **일정한** 숫자의 배열

예 $0.1373737\cdots$은 소수점 아래에서 37이 되풀이되므로 순환마디는 ☐이다.

(3) **순환소수의 표현** : 순환마디의 **양 끝**의 숫자 위에 **점**을 찍어 간단히 나타낸다.

예 $0.571571\cdots$은 순환마디가 ☐이므로 571의 양 끝의 숫자 5와 ☐ 위에 점을 찍어

$0.571571\cdots=0.\dot{5}7\dot{1}$로 나타낸다.

유형 **소수의 분류와 순환소수**

$$\text{소수}\begin{cases}\text{유한소수}: -1.5,\ 0.3,\ 2.47 \to \text{유리수}\\[4pt]\text{무한소수}\begin{cases}\text{순환소수}: 0.333\cdots,\ 0.\dot{3}\dot{7}\\[2pt]\qquad\qquad\qquad\to \text{유리수}\\[4pt]\text{순환하지 않는 무한소수}:\\[2pt]\quad \pi,\ 7.25316\cdots \to \text{유리수가}\\[2pt]\qquad\qquad\qquad\qquad\text{아니다}\end{cases}\end{cases}$$

01 다음 중 옳은 것은 ◯표, 틀린 것은 ✕표 하여라.

(1) 유한소수는 모두 유리수이다. ( )

(2) 순환소수는 유리수가 아니다. ( )

(3) 순환하지 않는 무한소수는 유리수가 아니다.
( )

(4) 정수가 아닌 유리수는 모두 유한소수로 나타낼 수 있다. ( )

(5) 유리수는 정수 또는 유한소수로만 나타낼 수 있다. ( )

02 다음 소수가 순환소수인 것에는 ◯표, 순환하지 않는 무한소수인 것에는 ✕표 하여라.

(1) $0.6666\cdots$ ( )

(2) $0.75555\cdots$ ( )

(3) $0.3425375\cdots$ ( )

(4) $1.8888\cdots$ ( )

(5) $2.158375\cdots$ ( )

(6) $1.838383\cdots$ ( )

(7) $2.789514\cdots$ ( )

(8) $1.907907907\cdots$ ( )

• 0.2222… $\xrightarrow[2]{\text{순환마디}}$ $0.\dot{2}$

• 0.3291291291… $\xrightarrow[291]{\text{순환마디}}$ $0.3\dot{2}9\dot{1}$

03 다음 순환소수의 순환마디를 말하고, 순환마디에 점을 찍어 간단히 나타내어라.

(1) 0.4444…　　　　_____, _____

(2) 3.5555…　　　　_____, _____

(3) 0.535353…　　　　_____, _____

(4) 6.181818…　　　　_____, _____

(5) 0.134134134…　　　　_____, _____

(6) 1.648648…　　　　_____, _____

(7) 0.269726972697…

　　　　_____, _____

(8) 11.375555…　　　　_____, _____

(9) 0.35868686…　　　　_____, _____

(10) 3.5632632632…

　　　　_____, _____

유형 순환소수로 나타내어지는 분수

기약분수의 분모의 소인수 중에서 2나 5 이외의 소인수(즉 3, 7, 11, 13, …)가 있으면 순환소수이다.

• $\dfrac{1}{2\times3}$ $\xrightarrow[2,\,\text{③}]{\text{분모의 소인수}}$ 순환소수

• $\dfrac{7}{2\times5\times7}$ $\xrightarrow[2,\,5]{\text{분모의 소인수}}$ 순환소수가 아니다. (유한소수)

04 다음 분수가 순환소수이면 ○표, 순환소수가 아니면 ×표 하여라.

(1) $\dfrac{1}{2\times3\times5}$ 　　　　　（　　）

(2) $\dfrac{9}{2^2\times3\times5}$ 　　　　　（　　）

(3) $\dfrac{1}{2^2\times3\times5}$ 　　　　　（　　）

(4) $\dfrac{21}{2^2\times3\times5^2\times7}$ 　　　　　（　　）

(5) $\dfrac{35}{2^2\times3^2\times5\times7}$ 　　　　　（　　）

도전! 100점

05 분수 $\dfrac{5}{6}$를 순환소수로 나타내었을 때, 순환소수의 표현으로 옳은 것은?

① $0.\dot{6}5$　　② $0.6\dot{5}$　　③ $0.8\dot{3}$
④ $0.82\dot{3}$　　⑤ $0.8\dot{3}$

06 분수 $\dfrac{6}{13}$을 순환소수로 나타내었을 때, 소수점 아래 32번째 자리의 숫자를 구하여라.　　（　　）

(1) 순환소수를 분수로 나타내기

① 순환소수를 x로 놓는다.

② 소수점 아래 첫째 자리부터 똑같이 순환마디가 시작되도록 ①의 양변에 순환마디의 숫자의 개수만큼 10의 거듭제곱을 곱하여 두 식을 만든다.

③ ②의 두 식을 변끼리 뺀 후, x의 값을 기약분수로 구한다.

예 순환소수 $0.\dot{3}\dot{7}$을 분수로 나타내기

$x=0.373737\cdots$로 놓으면 ······ ①

$100x=37.373737\cdots$ ······ ②

$-\ )\quad x=\ 0.373737\cdots$

$99x=37\qquad \therefore x=\dfrac{37}{\boxed{}}$ ······ ③

(2) 순환소수의 대소 관계

[방법 1] 순환소수의 순환마디를 풀어 쓴 후, 앞자리부터 각 자리의 숫자의 크기를 비교한다.

예 $0.\dot{7}=0.7777\cdots$, $0.\dot{8}=0.8888\cdots$이므로 $0.\dot{7}\ \boxed{}\ 0.\dot{8}$이다.

[방법 2] 순환소수를 분수로 나타낸 후, 분모가 같은 분수로 고쳐서 크기를 비교한다.

예 $0.\dot{5}=\dfrac{5}{9}$, $0.\dot{4}=\dfrac{4}{9}$이므로 $0.\dot{5}\ \boxed{}\ 0.\dot{4}$이다.

유형 **순환소수를 분수로 나타내기(1)**

• $x=0.\dot{4}\dot{5}=0.454545\cdots$로 놓으면

$100x=45.454545\cdots$ ← 첫 순환마디 뒤에 소수점

$-\ )\quad x=\ 0.454545\cdots$ ← 첫 순환마디 앞에 소수점

$99x=45\qquad \therefore x=\dfrac{45}{99}=\dfrac{5}{11}$

01 다음은 순환소수를 분수로 나타내는 과정이다. □ 안에 알맞은 수를 차례로 써넣어라.

(1) $x=0.\dot{2}$

$\boxed{}x=2.2222\cdots$

$-\ )\qquad x=0.2222\cdots$

$\boxed{}x=2\qquad \therefore x=\boxed{}$

(2) $x=0.\dot{2}\dot{5}$

$\boxed{}x=25.252525\cdots$

$-\ )\qquad x=\ 0.252525\cdots$

$\boxed{}x=25\qquad \therefore x=\boxed{}$

(3) $x=0.\dot{2}3\dot{4}$

$\boxed{}x=234.234234\cdots$

$-\ )\qquad x=\ 0.234234\cdots$

$\boxed{}x=234\qquad \therefore x=\boxed{}$

(4) $x=3.\dot{1}5\dot{4}$

$\boxed{}x=3154.154154\cdots$

$-\ )\qquad x=\ \ 3.154154\cdots$

$\boxed{}x=3151\qquad \therefore x=\boxed{}$

(5) $x=4.\dot{2}7\dot{8}$

$\boxed{}x=4278.278278\cdots$

$-\ )\qquad x=\ \ 4.278278\cdots$

$\boxed{}x=4274\qquad \therefore x=\boxed{}$

유형 순환소수를 분수로 나타내기(2)

- $x = 0.4\dot{3}\dot{5} = 0.4353535\cdots$로 놓으면

$$1000x = 435.353535\cdots \leftarrow 첫\ 순환마디\ 뒤에\ 소수점$$
$$-)\quad 10x = 4.353535\cdots \leftarrow 첫\ 순환마디\ 앞에\ 소수점$$
$$990x = 431 \qquad \therefore x = \frac{431}{990}$$

02 다음은 순환소수를 분수로 나타내는 과정이다.
□ 안에 알맞은 수를 차례로 써넣어라.

(1) $x = 0.7\dot{2}$

$$\boxed{}\,x = 72.22222\cdots$$
$$-)\quad 10x = 7.22222\cdots$$
$$\boxed{}\,x = 65 \qquad \therefore x = \boxed{}$$

(2) $x = 0.0\dot{5}$

$$\boxed{}\,x = 5.55555\cdots$$
$$-)\quad 10x = 0.55555\cdots$$
$$\boxed{}\,x = 5 \qquad \therefore x = \boxed{}$$

(3) $x = 0.0\dot{1}\dot{2}$

$$\boxed{}\,x = 12.12121212\cdots$$
$$-)\quad 10x = 0.12121212\cdots$$
$$\boxed{}\,x = 12 \qquad \therefore x = \boxed{}$$

(4) $x = 0.2\dot{7}\dot{4}$

$$\boxed{}\,x = 274.747474\cdots$$
$$-)\quad 10x = 2.747474\cdots$$
$$\boxed{}\,x = 272 \qquad \therefore x = \boxed{}$$

03 다음 순환소수를 분수로 나타내어라.

(1) $0.\dot{7}$

(2) $0.\dot{3}\dot{1}$

(3) $0.2\dot{6}\dot{1}$

(4) $0.4\dot{7}$

(5) $0.1\dot{5}\dot{4}$

(6) $2.\dot{5}$

(7) $1.\dot{4}\dot{7}$

(8) $1.\dot{8}1\dot{3}$

(9) $5.1\dot{2}$

(10) $1.3\dot{6}\dot{7}$

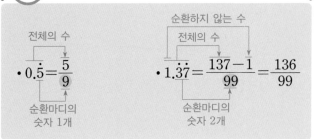

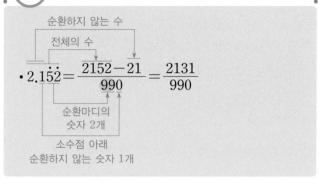

04 순환소수를 기약분수로 나타내려고 한다. ☐ 안에 알맞은 수를 써넣어라.

(1) $0.\dot{4} = \dfrac{\boxed{}}{9}$

(2) $0.\dot{8} = \dfrac{8}{\boxed{}}$

(3) $0.\dot{2}\dot{5} = \dfrac{\boxed{}}{99}$

(4) $0.\dot{4}\dot{3} = \dfrac{43}{\boxed{}}$

(5) $0.\dot{3}7\dot{1} = \dfrac{\boxed{}}{999}$

(6) $0.\dot{7}9\dot{1} = \dfrac{791}{\boxed{}}$

(7) $2.\dot{7}\dot{4} = \dfrac{274 - \boxed{}}{99} = \dfrac{\boxed{}}{99}$

(8) $4.\dot{5}2\dot{3} = \dfrac{4523 - \boxed{}}{999} = \dfrac{\boxed{}}{999}$

05 다음은 순환소수를 기약분수로 나타내는 과정이다. ☐ 안에 알맞은 수를 써넣어라.

(1) $0.4\dot{7} = \dfrac{47 - \boxed{}}{\boxed{}} = \boxed{}$

(2) $0.7\dot{5} = \dfrac{75 - \boxed{}}{90} = \boxed{}$

(3) $2.3\dot{6} = \dfrac{236 - \boxed{}}{\boxed{}} = \boxed{}$

(4) $5.6\dot{1} = \dfrac{561 - \boxed{}}{90} = \boxed{}$

(5) $1.2\dot{3}\dot{6} = \dfrac{1236 - \boxed{}}{990} = \boxed{}$

(6) $2.4\dot{5}\dot{8} = \dfrac{2458 - \boxed{}}{\boxed{}} = \boxed{}$

06 다음 순환소수를 기약분수로 나타내어라.

(1) $0.\dot{7}$

(2) $0.\dot{9}\dot{5}$

(3) $0.\dot{8}\dot{1}$

(4) $0.\dot{2}5\dot{2}$

(5) $1.\dot{8}$

(6) $3.\dot{5}\dot{4}$

(7) $0.1\dot{7}$

(8) $1.3\dot{2}$

(9) $0.23\dot{4}$

(10) $1.2\dot{5}\dot{7}$

(11) $0.58\dot{3}$

(12) $1.25\dot{7}$

유형 **순환소수의 대소 관계**

- $0.2 \square 0.\dot{2} \xrightarrow[=0.222\cdots]{0.\dot{2}} 0.2 < 0.\dot{2}$
- $-0.7\dot{2} \square -0.72 \xrightarrow[=-0.7222\cdots]{-0.7\dot{2}} -0.7\dot{2} < -0.72$

07 다음 □ 안에 >, =, < 중 알맞은 기호를 써 넣어라.

(1) $0.\dot{8} \square 0.8\dot{7}$

(2) $0.\dot{4}\dot{5} \square 0.4\dot{5}$

(3) $1.\dot{3}\dot{4} \square 1.34\dot{3}$

(4) $-0.3\dot{8} \square -0.4$

(5) $-0.\dot{8}\dot{9} \square -0.\dot{8}$

(6) $-3.2\dot{6} \square -3.\dot{2}\dot{6}$

도전! 100점

08 다음 중 순환소수를 분수로 나타낸 것으로 옳지 <u>않은</u> 것은?

① $0.\dot{8}\dot{7} = \dfrac{29}{33}$

② $5.\dot{1}\dot{3} = \dfrac{513}{99}$

③ $0.7\dot{3} = \dfrac{11}{15}$

④ $0.\dot{3}0\dot{1} = \dfrac{301}{999}$

⑤ $1.\dot{6} = \dfrac{5}{3}$

개념정복

개념 03

01 다음 중 순환소수의 표현이 옳은 것에는 ○표, 옳지 않은 것에는 ×표 하여라.

(1) $3.83838383\cdots=3.\dot{8}\dot{3}$ (   )

(2) $1.4171717\cdots=1.\dot{4}1\dot{7}$ (   )

(3) $1.2343434\cdots=1.2\dot{3}\dot{4}$ (   )

(4) $4.0358358358\cdots=4.0\dot{3}5\dot{8}$ (   )

(5) $2.136013601360\cdots=2.\dot{1}3\dot{6}0$ (   )

(6) $5.300303\cdots=5.\dot{3}00\dot{3}$ (   )

개념 03

02 다음 순환소수를 순환마디 위에 점을 찍어 간단히 나타내어라.

(1) $0.33333\cdots$

(2) $2.66666\cdots$

(3) $0.151515\cdots$

(4) $2.922222\cdots$

(5) $2.154154\cdots$

(6) $7.140854085\cdots$

개념 03

03 다음 분수를 소수로 나타낸 후 순환마디를 말하고, 순환마디에 점을 찍어 간단히 나타내어라.

(1) $\dfrac{29}{11}$

• 소수 _____

• 순환마디 _____

• 순환소수의 표현 _____

(2) $\dfrac{5}{6}$

• 소수 _____

• 순환마디 _____

• 순환소수의 표현 _____

(3) $\dfrac{15}{9}$

- 소수 _____

- 순환마디 _____

- 순환소수의 표현 _____

개념 03

04 다음 순환소수의 소수점 아래 40번째 자리의 숫자를 구하여라.

(1) $0.\dot{3}\dot{7}$

_____

(2) $4.1\dot{3}\dot{2}$

_____

(3) $3.\dot{1}42857\dot{}$

_____

개념 03

05 다음 분수가 순환소수이면 ○표, 순환소수가 아니면 ×표 하여라.

(1) $\dfrac{2}{2 \times 3 \times 5}$ ( )

(2) $\dfrac{7}{2 \times 5 \times 7}$ ( )

(3) $\dfrac{3}{2^3 \times 3^2 \times 5}$ ( )

(4) $\dfrac{21}{2 \times 3 \times 5^2 \times 7}$ ( )

(5) $\dfrac{35}{3 \times 5 \times 7^2}$ ( )

(6) $\dfrac{66}{3 \times 5^2 \times 11}$ ( )

(7) $\dfrac{39}{2^2 \times 3 \times 5 \times 13}$ ( )

(8) $\dfrac{43}{3 \times 5^2 \times 7 \times 17}$ ( )

06 다음은 순환소수를 기약분수로 나타내는 과정이다. ☐ 안에 알맞은 수를 차례로 써넣어라.

(1) $0.\dot{8}\dot{7}$

$$\boxed{}\,x = 87.878787\cdots$$
$$-)\quad\quad\ x = 0.878787\cdots$$
$$\boxed{}\,x = 87 \qquad \therefore x = \boxed{}$$

(2) $x = 0.1\dot{5}$

$$\boxed{}\,x = 15.55555\cdots$$
$$-)\quad\ 10x = 1.55555\cdots$$
$$\boxed{}\,x = 14 \qquad \therefore x = \boxed{}$$

(3) $x = 0.1\dot{3}\dot{6}$

$$\boxed{}\,x = 136.363636\cdots$$
$$-)\ \boxed{}\,x = 1.363636\cdots$$
$$\boxed{}\,x = 135 \qquad \therefore x = \boxed{}$$

(4) $x = 1.4\dot{6}$

$$\boxed{}\,x = 146.6666\cdots$$
$$-)\quad\ 10x = 14.6666\cdots$$
$$\boxed{}\,x = 132 \qquad \therefore x = \boxed{}$$

(5) $x = 2.34\dot{9}$

$$1000\,x = 2349.9999\cdots$$
$$-)\ \boxed{}\,x = 234.9999\cdots$$
$$\boxed{}\,x = 2115 \qquad \therefore x = \boxed{}$$

07 다음 순환소수를 기약분수로 나타내어라.

(1) $0.\dot{3}$

(2) $0.\dot{1}\dot{5}$

(3) $1.6\dot{7}$

(4) $1.5\dot{3}\dot{5}$

(5) $2.0\dot{5}$

(6) $3.\dot{1}7\dot{8}$

(7) $4.2\dot{9}$

(8) $1.45\dot{9}$

08 다음 순환소수를 x로 놓고 분수로 나타낼 때, |보기| 중 가장 편리한 식을 찾아 그 기호를 써라.

┌ 보기 ├
㉠ $10x-x$ ㉡ $100x-x$
㉢ $100x-10x$ ㉣ $1000x-x$
㉤ $1000x-10x$ ㉥ $1000x-100x$

(1) $0.121212\cdots$

(2) $1.35555\cdots$

(3) $2.1767676\cdots$

(4) $0.\dot{6}$

(5) $0.4\dot{7}$

(6) $0.\dot{5}\dot{4}$

(7) $0.16\dot{7}$

(8) $1.3\dot{4}\dot{5}$

(9) $2.\dot{3}4\dot{5}$

09 다음 중 옳은 것은 ○표, 틀린 것은 ×표 하여라.

(1) 무한소수는 모두 유리수이다.   (   )

(2) 순환소수는 모두 유리수이다.   (   )

(3) 정수가 아닌 유리수는 유한소수로만 나타낼 수 있다.   (   )

(4) 기약분수의 분모의 소인수가 2나 5로만 이루어진 분수는 유한소수로 나타낼 수 있다.   (   )

(5) 순환하지 않는 무한소수는 유리수가 아니므로 분수로 나타낼 수 없다.   (   )

10 다음 □ 안에 $>$, $=$, $<$ 중 알맞은 기호를 써넣어라.

(1) $0.2\dot{3}$ □ $0.\dot{2}\dot{3}$

(2) $2.\dot{8}\dot{6}$ □ 2.868

(3) $-0.9\dot{7}$ □ $-0.9\dot{6}$

(4) $-1.25\dot{6}$ □ -1.256

(5) $2.\dot{4}\dot{9}$ □ 2.5

(6) $2.4\dot{9}$ □ 2.5

01 다음 중 정수가 아닌 유리수는 모두 몇 개인가?

$$-5.7, \quad 9, \quad -2, \quad \frac{6}{11}, \quad 0.8, \quad \frac{8}{4}$$

① 1개   ② 2개   ③ 3개

④ 4개   ⑤ 5개

02 다음 설명 중 옳지 <u>않은</u> 것은?

① 유한소수는 소수점 아래의 0이 아닌 숫자가 유한개인 소수를 말한다.

② 무한소수 중에는 분수로 나타낼 수 있는 소수가 있다.

③ 모든 유리수는 유한소수로 나타낼 수 있다.

④ 분수 꼴로 나타낼 수 없는 유리수는 없다.

⑤ 유리수 중 기약분수의 분모가 2나 5뿐이면 유한소수로 나타낼 수 있다.

03 다음은 분수를 소수로 고치는 과정이다. □ 안에 공통으로 들어갈 수는?

$$\frac{7}{20} = \frac{7}{2^2 \times 5} = \frac{7 \times \square}{2^2 \times 5 \times \square}$$
$$= \frac{7 \times \square}{10^2} = 0.35$$

① 2   ② 5   ③ 7

④ 10   ⑤ 20

04 분수를 소수로 나타낼 때, 유한소수로 나타낼 수 있는 것은?

① $\frac{2}{3}$ ② $\frac{1}{6}$ ③ $\frac{3}{8}$

④ $\frac{7}{12}$ ⑤ $\frac{4}{15}$

05 다음 중 순환소수와 순환마디가 바르게 연결된 것은?

① $0.2222\cdots \Rightarrow 2222$

② $0.123123123\cdots \Rightarrow 123$

③ $1.34343\cdots \Rightarrow 43$

④ $3.143143\cdots \Rightarrow 314$

⑤ $4.010010\cdots \Rightarrow 100$

06 두 분수 $\frac{7}{12}$과 $\frac{25}{27}$를 순환소수로 나타낼때, 순환마디의 개수를 각각 a개, b개라 하자. 이 때 $a+b$의 값은?

① 2   ② 3   ③ 4

④ 5   ⑤ 6

07 분수 $\dfrac{1}{7}$을 순환소수로 나타내었을 때, 소수점 아래 50번째 자리의 숫자를 구한 것은?

① 1 ② 2 ③ 4
④ 8 ⑤ 7

08 A가 자연수일 때, $\dfrac{97}{132} \times A$를 소수로 나타내면 유한소수가 된다고 한다. 이때, 가장 작은 자연수 A는?

① 3 ② 11 ③ 31
④ 33 ⑤ 66

09 다음 분수를 소수로 나타낼 때, 유한소수가 <u>아닌</u> 것은?

① $\dfrac{7}{20}$ ② $\dfrac{5}{16}$ ③ $\dfrac{18}{2^2 \times 3^3}$
④ $\dfrac{6}{150}$ ⑤ $\dfrac{117}{2^3 \times 3 \times 5^2 \times 13}$

10 다음 유리수를 유한소수로 나타낼 수 없을 때 a의 값으로 알맞은 한 자리의 자연수들을 구하여라.

(1) $\dfrac{18}{12 \times a}$

(2) $\dfrac{27}{2^2 \times 5 \times a}$

(3) $\dfrac{63}{3^2 \times 5 \times a}$

11 다음 순환소수 $1.2\dot{3}$을 분수로 나타내는 과정이다. ①~⑤에 들어갈 수가 옳지 <u>않은</u> 것은?

$x=1.2\dot{3}=1.233333\cdots$으로 놓으면

    ⑥ $x=123.3333\cdots$ ㉠

    ② $x=12.3333\cdots$ ㉡

㉠−㉡을 하면 ③ $x=$ ④

$\therefore\ x=$ ⑤

① 100 ② 10 ③ 99
④ 111 ⑤ $\dfrac{37}{30}$

12 순환소수 $x=4.3\dot{0}\dot{2}$를 분수로 나타내려고 할 때, 다음 중 가장 편리한 식은?

① $10x - x$ ② $100x - x$
③ $100x - 10x$ ④ $1000x - x$
⑤ $1000x - 100x$

13 순환소수 $3.\dot{7}\dot{8}$을 기약분수로 나타낼 때, 분자와 분모의 합을 구하여라.

14 다음 중 순환소수를 분수로 나타낸 것으로 옳지 <u>않은</u> 것은?

① $0.0\dot{5}=\dfrac{1}{18}$ ② $0.4\dot{3}=\dfrac{13}{30}$

③ $0.\dot{8}\dot{1}=\dfrac{9}{11}$ ④ $2.9\dot{3}=\dfrac{97}{30}$

⑤ $3.8\dot{2}=\dfrac{172}{45}$

15 분수 $\dfrac{75}{132}$와 $\dfrac{39}{364}$에 어떤 수 x를 곱하여 두 수 모두 유한소수가 되게 하려고 한다. 다음 중 x의 값으로 적당한 것은?

① 33   ② 39

③ 52   ④ 77

⑤ 110

16 다음 수 중 가장 큰 수는?

① 0.1345 ② $0.134\dot{5}$

③ $0.13\dot{4}\dot{5}$ ④ $0.1\dot{3}4\dot{5}$

⑤ $0.\dot{1}34\dot{5}$

17 다음 중 대소 관계가 옳은 것은?

① $0.4\dot{9}>0.5$ ② $0.12\dot{5}>0.125$

③ $1.2\dot{5}<1.\dot{2}$ ④ $0.\dot{1}\dot{2}<0.12$

⑤ $0.\dot{6}>\dfrac{6}{10}$

18 두 순환소수 $0.\dot{4}\dot{5}$, $1.\dot{4}$를 기약분수로 각각 나타내면, $\dfrac{5}{a}$, $\dfrac{b}{9}$이다. 이 때, $\dfrac{b}{a}$를 순환소수로 바르게 나타낸 것은?

① $1.1\dot{6}$ ② $1.\dot{1}\dot{8}$

③ $1.8\dot{1}$ ④ $1.\dot{8}\dot{2}$

⑤ $1.2\dot{8}$

Ⅱ 식의 계산

(1) **지수의 합**

m, n이 자연수일 때, $a^m \times a^n = a^{m+n}$

예 $a^2 \times a^3 = a^{2+3} = \boxed{}$

$4^3 \times 4^2 = 4^{\boxed{}} = \boxed{}$

(2) **지수의 곱**

m, n이 자연수일 때, $(a^m)^n = a^{mn}$

예 $(a^3)^2 = a^{\boxed{}} = \boxed{}$

$(3^2)^3 = 3^{\boxed{}} = \boxed{}$

유형 **지수의 합**

• $a^2 \times a^4 \xrightarrow[2+4]{\text{지수의 합}} a^6$ • $2^3 \times 2^2 \xrightarrow[3+2]{\text{지수의 합}} 2^5$

01 다음 식을 간단히 하여라.

(1) $2^2 \times 2^2$

(2) $a^2 \times a^7$

(3) $5^3 \times 5^5 \times 5^4$

(4) $b^2 \times b^3 \times b^4$

(5) $(-3)^3 \times (-3)^2 \times (-3)$

(6) $x^6 \times y^6 \times x^2 \times y^3$

(7) $(-1) \times (-1)^3 \times (-1)^5 \times (-1)^7$

(8) $a^2 \times b^4 \times a^3 \times b^2 \times a^5$

02 다음 중 계산 결과가 옳은 것에는 ○표, 틀린 것에는 ×표를 하고 바른 답을 구하여라.

(1) $x^3 \times x^5 = x^8$　　(　)　＿＿＿＿＿

(2) $x^2 \times x^3 = x^6$　　(　)　＿＿＿＿＿

(3) $y^2 \times y^4 \times y = y^6$　(　)　＿＿＿＿＿

(4) $3^2 \times 3^2 \times 3^2 = 3^6$　(　)　＿＿＿＿＿

(5) $(-5) \times (-5)^6 = (-5)^6$

　　　　　　　　(　)　＿＿＿＿＿

(6) $4 \times 2^2 = 2^4$　　(　)　＿＿＿＿＿

(7) $x^2 \times y^2 \times x^3 = x^6 y^2$

　　　　　　　　(　)　＿＿＿＿＿

(8) $a^4 \times b \times a \times b^2 = a^5 b^3$

　　　　　　　　(　)　＿＿＿＿＿

$$\cdot (a^2)^5 \xrightarrow[\;2\times 5\;]{\text{지수의 곱}} a^{10} \qquad \cdot (2^5)^3 \xrightarrow[\;5\times 3\;]{\text{지수의 곱}} 2^{15}$$

03 다음 식을 간단히 하여라.

(1) $(a^3)^4$

(2) $(b^4)^5$

(3) $(2^4)^5$

(4) $(5^6)^3$

$$\cdot a^2 \times (a^3)^4 \xrightarrow[\;3\times 4\;]{\text{지수의 곱}} a^2 \times a^{12} \xrightarrow[\;2+12\;]{\text{지수의 합}} a^{14}$$

04 다음 식을 간단히 하여라.

(1) $(x^2)^3 \times x^2$

(2) $(a^3)^2 \times (a^5)^4$

(3) $x^3 \times (y^2)^5 \times x^2$

(4) $(a^6)^3 \times (b^3)^8 \times (a^2)^4$

(5) $x^3 \times (y^3)^4 \times (x^4)^5 \times (y^2)^{10}$

05 다음 ☐ 안에 알맞은 수를 써넣어라.

(1) $a^{\square} \times a^3 = a^{10}$

(2) $x^3 \times x^{\square} \times x^4 = x^{18}$

(3) $a^4 \times a^3 \times a^{\square} = a^{22}$

(4) $x^3 \times x^{\square} \times y^2 \times y^{\square} = x^{12} y^8$

(5) $(a^3)^{\square} = a^{24}$

(6) $(3^5)^{\square} = 3^{75}$

(7) $x^4 \times (x^3)^{\square} = x^{16}$

(8) $a^2 \times (b^3)^{\square} \times a^5 \times b^2 = a^{\square} b^{20}$

도전! 100점

06 $(2^2)^{\square} \times 3^3 \times 2^4 \times (3^{\square})^6 = 2^{18} 3^{15}$ 일 때, ☐ 안에 알맞은 수를 차례로 구하면?

① 7, 2 ② 5, 6 ③ 7, 9

④ 6, 3 ⑤ 5, 2

$a \neq 0$이고 m, n이 자연수일 때,

$$a^m \div a^n = \begin{cases} a^{m-n} & (m>n) \\ 1 & (m=n) \\ \dfrac{1}{a^{n-m}} & (m<n) \end{cases}$$

예 ① $a^5 \div a^3 = a^{\boxed{}} = \boxed{}$

② $a^3 \div a^3 = \boxed{}$

③ $a^3 \div a^5 = \dfrac{1}{a^{\boxed{}}} = \dfrac{1}{\boxed{}}$

유형 **지수의 차**

• $\overset{大}{a^4} \div \overset{小}{a^2} \xrightarrow[4-2]{\text{지수의 차}} a^2$

• $a^4 \div a^4 \xrightarrow[4=4]{\text{지수가 같다.}} 1$

• $\overset{小}{a^2} \div \overset{大}{a^4} \xrightarrow[4-2]{\text{지수의 차}} \dfrac{1}{a^2}$

01 다음 $\square$ 안에 알맞은 수를 써넣어라.

(1) $a^5 \div a^2 = a^{\square-2} = a^{\square}$

(2) $a^2 \div a^2 = \boxed{}$

(3) $a^2 \div a^4 = \dfrac{1}{a^{\square-2}} = \dfrac{1}{a^{\square}}$

(4) $3^5 \div 3^2 = 3^{\square}$

(5) $3^5 \div 3^5 = \boxed{}$

(6) $3^2 \div 3^5 = \dfrac{1}{3^{\square}}$

02 다음 식을 간단히 하여라.

(1) $x^7 \div x^3$

(2) $a^6 \div a^6$

(3) $x^3 \div x^7$

(4) $a^8 \div a^5$

(5) $y^9 \div y^2$

(6) $a^4 \div a^{12}$

(7) $x^7 \div x^7$

(8) $b^{10} \div b^6$

(9) $a^5 \div a^8$

(10) $3^{12} \div 3^7$

(11) $5^{14} \div 5^5$

(12) $x^5 \div x^7$

(13) $3^7 \div 3^{14}$

(14) $\dfrac{5^8}{5^{12}}$

03 다음 중 계산 결과가 옳은 것에는 ○표, 틀린 것에는 ×표를 하고 바른 답을 구하여라.

(1) $b^{11} \div b^{11} = 0$ (   ) _____

(2) $\dfrac{x^{17}}{x^{11}} = x^6$ (   ) _____

(3) $a^8 \div a^2 \div a^3 = a^3$ (   ) _____

(4) $x^8 \div x^3 \div x^6 = -x$

(   ) _____

• $(a^3)^4 \div (a^2)^5$ $\xrightarrow{\text{지수의 곱} : 3 \times 4,\ 2 \times 5}$ $a^{12} \div a^{10}$

$\xrightarrow{\text{지수의 차} : 12 - 10}$ a^2

04 다음 식을 간단히 하여라.

(1) $a^{30} \div (a^5)^3$

(2) $(a^2)^3 \div a^{20}$

(3) $(a^3)^3 \div (a^4)^2$

(4) $(a^2)^4 \div (a^3)^5$

(5) $(x^5)^2 \div (x^2)^3$

(6) $(x^4)^6 \div (x^2)^{12}$

(7) $(x^2)^5 \div x^2 \div x^7$

(8) $(x^3)^6 \div (x^7)^2 \div x^5$

도전! 100점

05 다음 중 $a^{15} \div a^9 \div a^2$의 계산 결과와 같은 것은?

① $a^{15} \div (a^9 \div a^2)$ ② $a^{15} \times (a^9 \div a^2)$
③ $a^{15} \times a^9 \times a^2$ ④ $a^{15} \div (a^9 \times a^2)$
⑤ $a^{15} \div a^9 \times a^2$

n이 자연수일 때,

① $(ab)^n = a^n b^n$

예 $(ab)^3 = \boxed{}$,　$(2x)^3 = 8x^{\boxed{}}$

② $\left(\dfrac{a}{b}\right)^n = \dfrac{a^n}{b^n}$ (단, $b \neq 0$)

예 $\left(\dfrac{a}{b}\right)^3 = \boxed{}$,　$\left(\dfrac{y}{3x}\right)^2 = \dfrac{y^{\boxed{}}}{9x^2}$

유형 **지수의 분배**

- $(2ab^2)^3 \rightarrow 2^{1\times3} a^{1\times3} b^{2\times3} \rightarrow 8a^3 b^6$

- $\left(-\dfrac{a^3}{b}\right)^2 \rightarrow (-1)^{1\times2} \dfrac{a^{3\times2}}{b^{1\times2}} \rightarrow \dfrac{a^6}{b^2}$

01 다음 □ 안에 알맞은 것을 써넣어라.

(1) $(ab)^2 = a^{1\times2} b^{1\times2} = a^{\boxed{}} b^{\boxed{}}$

(2) $(a^2 b)^2 = a^{2\times2} b^{1\times2} = a^{\boxed{}} b^{\boxed{}}$

(3) $(a^3 b^2)^3 = a^{3\times3} b^{2\times3} = a^{\boxed{}} b^{\boxed{}}$

(4) $\left(\dfrac{a}{b}\right)^3 = \dfrac{a^{1\times3}}{b^{1\times3}} = \dfrac{a^{\boxed{}}}{b^{\boxed{}}}$

(5) $\left(\dfrac{a}{b^2}\right)^3 = \dfrac{a^{1\times3}}{b^{2\times3}} = \dfrac{a^{\boxed{}}}{b^{\boxed{}}}$

(6) $(-xy)^2 = (-1)^2 x^{1\times2} y^{1\times2} = x^{\boxed{}} y^{\boxed{}}$

(7) $\left(-\dfrac{x}{y}\right)^3 = (-1)^3 \dfrac{x^{1\times3}}{y^{1\times3}} = \boxed{}\dfrac{x^{\boxed{}}}{y^{\boxed{}}}$

02 다음 식을 간단히 하여라.

(1) $(ab^2)^3$

(2) $(a^4 b^9)^4$

(3) $(3x^4)^3$

(4) $(5y^6)^2$

(5) $(-3a^5)^2$

(6) $(-2b^3)^3$

(7) $(xyz)^3$

(8) $(a^2 b^3 c)^2$

(9) $(-2x^4 y^3)^2$

(10) $(-3x^4 y z^2)^3$

03 다음 식을 간단히 하여라.

(1) $\left(\dfrac{a}{b}\right)^6$

(2) $\left(\dfrac{y^2}{x^3}\right)^2$

(3) $\left(\dfrac{a^3}{b^2}\right)^3$

(4) $\left(\dfrac{2y^2}{x^3}\right)^3$

(5) $\left(\dfrac{b^3}{3a^2}\right)^4$

(6) $\left(\dfrac{2x^3}{5y^2}\right)^2$

(7) $\left(-\dfrac{x^3}{2y^2}\right)^2$

(8) $\left(-\dfrac{b^2}{a^5}\right)^3$

(9) $\left(-\dfrac{3y^7}{x^9}\right)^2$

(10) $\left(-\dfrac{2b^4}{5a^8}\right)^3$

유형 **지수법칙(종합)**

- m, n이 자연수일 때

① $a^m \times a^n = a^{m+n}$ ② $(a^m)^n = a^{mn}$

③ $a^m \div a^n = \begin{cases} a^{m-n} & (m>n) \\ 1 & (m=n) \ (\text{단}, \ a \neq 0) \\ \dfrac{1}{a^{n-m}} & (m<n) \end{cases}$

④ $(ab)^m = a^m b^m,\ \left(\dfrac{a}{b}\right)^m = \dfrac{a^m}{b^m}$ (단, $b \neq 0$)

04 다음 ☐ 안에 알맞은 수를 써넣어라.

(1) $(x^2 y^{\square})^3 = x^6 y^{12}$

(2) $(a^{\square} b^2)^3 = a^9 b^{\square}$

(3) $(-2a^2 b)^4 = \boxed{} a^8 b^4$

(4) $\left(\dfrac{y^{\square}}{x^2}\right)^5 = \dfrac{y^{60}}{x^{\square}}$

(5) $\left(\dfrac{y^2}{4x^{\square}}\right)^3 = \dfrac{y^{\square}}{64x^{27}}$

도전! 100점

05 $\left(\dfrac{2x^A}{y}\right)^4 = \dfrac{Cx^8}{y^B}$ 일 때, $A-B+C$의 값은?

① 14   ② 22   ③ 30

④ 35   ⑤ 42

(1) 단항식의 곱셈

① **(단항식)×(단항식)** : 계수는 계수끼리, 문자는 문자끼리 곱한다.

② 같은 문자끼리의 곱은 지수법칙을 이용하여 간단히 한다.

예 $2a \times 3b = \boxed{}$, $2x^2 \times (-4xy) = 2 \times (-4) \times x^2 \times xy = \boxed{}$

(2) 단항식의 나눗셈

[방법 1]　분수 꼴로 고친 후 계수는 계수끼리, 문자는 문자끼리 약분한다.

$$A \div B = \frac{A}{B}$$

예 $8xy \div 2y = \dfrac{8xy}{\boxed{}} = \boxed{}$

- 곱셈과 나눗셈에서 부호의 결정
  - 음수가 **홀수** 개 ➡ **−**
  - 음수가 **짝수** 개 ➡ **+**

[방법 2]　나누는 단항식의 역수를 곱하여 계산한다.

$$A \div B = A \times \frac{1}{B} = \frac{A}{B}$$
(곱셈으로 / 역수로)

예 $4ab \div 2a = 4ab \times \boxed{} = \boxed{}$

참고 단항식의 역수는 단항식의 분모와 분자를 바꾼 식이다.

유형 **단항식의 곱셈**

계수의 곱
$\cdot (-2\,a) \times 3\,ab^2 = -6\,a^2b^2$
문자의 곱

01 다음 식을 간단히 하여라.

(1) $2a \times 5a^3$

(2) $3a \times (-7a^2)$

(3) $(-3a^2) \times 4b^4$

(4) $\dfrac{1}{2}x^4 \times (-4x^2)$

(5) $(-4y) \times 5x^2y$

(6) $\left(-\dfrac{3}{2}xy^3\right) \times \left(-\dfrac{4}{9}x^3y^2\right)$

(7) $(-x^3)^2 \times 2x^3$

(8) $(-2x^2) \times (-3x^3)^3$

(9) $(-xy) \times (y^2)^3$

(10) $(a^3)^2 \times b^2 \times a^8b^4$

유형 **단항식의 나눗셈**

[방법 1] $4a^2b \div 2ab$ $\xrightarrow{\text{분수꼴}}$ $\dfrac{4a^2b}{2ab} = 2a$

[방법 2] $4a^2b \div 2ab$ $\xrightarrow{\text{역수의 곱}}$ $4a^2b \times \dfrac{1}{2ab} = 2a$

02 다음 ☐ 안에 알맞은 것을 써넣어라.

(1) $24a^3 \div 6a^2 = \dfrac{24a^3}{\boxed{}} = \boxed{}$

(2) $3x^3 \div \dfrac{3}{4}x = 3x^3 \times \boxed{} = \boxed{}$

(3) $6x^2y^3 \div (-4x^4y^2) = \dfrac{6x^2y^3}{\boxed{}} = \boxed{}$

(4) $-2ab \div \dfrac{1}{3}a^2b = -2ab \times \boxed{} = \boxed{}$

(5) $(-25a^3b^7) \div \dfrac{5}{2}a^2b^8 = -25a^3b^7 \times \boxed{}$
$= \boxed{}$

(6) $(-4a^2)^3 \div 8a^5b = \dfrac{\boxed{}}{8a^5b} = \boxed{}$

(7) $(-xy^2)^4 \div (2x^2y)^3 = \dfrac{\boxed{}}{8x^6y^3} = \boxed{}$

03 다음 식을 간단히 하여라.

(1) $18x^2 \div 3x$

(2) $x^3y^2 \div x^5y^2$

(3) $3x^3y^2 \div (-9x^2y^3)$

(4) $(-35x^3y) \div \dfrac{5}{2}x^2y^8$

(5) $(-6a^3)^2 \div 2a^5$

(6) $\left(\dfrac{3}{2}a^2b\right)^2 \div \left(-\dfrac{3b^2}{2a}\right)^2$

(7) $2x^2y^2 \div \left(-\dfrac{1}{2}xy\right) \div 4x^3$

(8) $\left(-\dfrac{1}{3}x^4y^2\right)^2 \div \dfrac{4}{9}xy^2 \div (-3x^2y)$

도전! 100점

04 $6x^2 \times \boxed{} = -24x^5$일 때, ☐ 안에 알맞은 식은?

① $-2x^3$ ② $-3x^2$ ③ $-4x^2$
④ $-4x^3$ ⑤ $8x^3$

단항식의 곱셈과 나눗셈의 혼합 계산 순서

(1) 지수법칙을 이용하여 괄호를 먼저 푼다.

(2) 나눗셈식을 곱셈식으로 고친다.

(3) 부호를 결정한 후 계수는 계수끼리, 문자는 문자끼리 계산한다.

$$A \times B \div C = A \times B \times \frac{1}{C} = \frac{AB}{C}$$

$$A \div B \times C = A \times \frac{1}{B} \times C = \frac{AC}{B}$$

주의 $A \div B \times C \neq \dfrac{A}{BC}$

유형 단항식의 곱셈과 나눗셈의 혼합 계산 순서

$\cdot (ab^3)^2 \times (a^3b^2)^2 \div a^2b$ — 괄호 풀기

$= a^2b^6 \times a^6b^4 \div a^2b$ — 나눗셈식 → 곱셈식

$= a^2b^6 \times a^6b^4 \times \dfrac{1}{a^2b}$

$= \dfrac{a^8b^{10}}{a^2b} = a^6b^9$

01 다음 식을 간단히 하여라.

(1) $(-3xy) \times 3x^2y^3 \div xy^2$

(2) $3a^2b^3 \times 2a^3b \div (-2ab)$

(3) $2xy^3 \times (-6x^2y) \div (-4xy)$

(4) $(-5x^2)^2 \times \dfrac{3}{5}x \div (-3x^2)$

(5) $-\dfrac{x^8}{2y^4} \times (-2y^4)^2 \div (-x^3y)^3$

(6) $2a^2b \div ab \times 4b$

(7) $(x^2)^3 \div x^8 \times (x^4)^3$

(8) $(a^2)^3 \div a^9 \times (a^3)^4$

(9) $(2a)^3 \div (-3a^2) \times (4a)^2$

(10) $xy^3 \div 2xy \times \left(\dfrac{y}{x}\right)^3$

(11) $-16xy^2 \div 4x^2y \times (-2xy)^2$

(12) $-\dfrac{1}{5}x^3y^2 \div \left(-\dfrac{4}{5}x^2y\right) \times (-2x^2y^3)$

02 다음 □ 안에 알맞은 것을 써넣어라.

(1) $(-4a^2) \times \boxed{} = 12a^3b^2$

(2) $\boxed{} \div (-6a^2b) = -6ab^2$

(3) $a^2b \times \boxed{} \times 3b = -12a^4b^2$

(4) $2x^2y \div \boxed{} \times 4y = 8xy$

(5) $\boxed{} \times 18y^3 \div (-6y^4) = 3y$

(6) $x^3y \div 2xy^2 \times \boxed{} = x$

(7) $\boxed{} \times (-3x^2yz^2) = 3x^4y^2z^4$

(유형) 단항식의 곱셈과 나눗셈의 활용

```
                    4ab
        ┌─────────────────────┐
        │                     │
        │    넓이 : 12a²b³     │
        │                     │
        └─────────────────────┘
```

• (직사각형의 넓이)=(가로)×(세로)
$$12a^2b^3 = 4ab \times (\text{세로})$$
$$\therefore (\text{세로}) = \frac{12a^2b^3}{4ab} = 3ab^2$$

03 밑변의 길이가 $4ab^2$이고 높이가 $2a^2b$인 삼각형의 넓이를 구하여라.

04 밑면은 한 변의 길이가 $9x^2y^9$인 정사각형이고 높이는 $\left(\dfrac{y}{x^3}\right)^2$인 사각기둥의 부피를 구하여라.

05 밑면의 가로의 길이가 $3a^2$, 세로의 길이가 $6b$인 직육면체의 부피가 $72a^3$일 때, 직육면체의 높이를 구하여라.

06 밑변의 길이가 $3ab^2$이고 넓이가 $3a^4b^6$인 삼각형의 높이를 구하여라.

도전! 100점

07 $(x^2y)^2 \times (-3x^2)^2 \div (-xy)^4 = \dfrac{ax^b}{y^c}$일 때, 상수 a, b, c의 합 $a+b+c$의 값은?

① 11　　　② 12　　　③ 13
④ 14　　　⑤ 15

개념 01

01 다음 식을 간단히 하여라.

(1) $a^4 \times a^3$

(2) $a^6 \times a^2 \times b^3 \times b^5$

(3) $x^7 \times y^2 \times x \times y^3$

(4) $(2^3)^5 \times (2^3)^3 \times 2^2$

(5) $5 \times (5^2)^3 \times (5^3)^4$

(6) $(a^3)^4 \times (b^5)^2 \times a^2$

(7) $(x^5)^6 \times (x^5)^4 \times (y^4)^2$

개념 01

02 다음 □ 안에 알맞은 수를 써넣어라.

(1) $a^\square \times a^7 = a^{12}$

(2) $a^3 \times a^\square \times b^\square \times b^6 = a^4 b^9$

(3) $(7^5)^\square = 7^{60}$

(4) $(a^2)^\square \times (b^5)^\square = a^{10} b^{15}$

(5) $(a^\square)^3 \times (b^\square)^6 \times b^4 = a^{18} b^{16}$

(6) $(y^\square)^5 \times (x^\square)^4 = x^8 y^{20}$

(7) $(x^\square)^2 \times (y^4)^\square \times x^6 = x^{12} y^8$

개념 02

03 다음 식을 간단히 하여라.

(1) $a^{11} \div a^5$

(2) $x^8 \div x^8$

(3) $a^7 \div a^9$

(4) $x^7 \div x^8$

(5) $a^{11} \div a^2 \div a^8$

(6) $x^{14} \div x^9 \div x^5$

(7) $x^9 \div x^6 \div x$

개념 02

04 다음 식을 간단히 하여라.

(1) $a^{10} \div (a^2)^3$

(2) $(a^5)^3 \div a^8$

(3) $(a^4)^3 \div (a^5)^3$

(4) $(x^3)^3 \div x$

(5) $(x^6)^2 \div (x^4)^3$

(6) $(x^6)^3 \div x^5 \div (x^2)^5$

개념 03

05 다음 식을 간단히 하여라.

(1) $(a^4 b^3)^2$

(2) $(-2a^5)^2$

(3) $(3a^4 b^2)^3$

(4) $\left(\dfrac{xy^6}{5} \right)^3$

(5) $\left(-\dfrac{x^4}{2y^2} \right)^5$

(6) $\left(-\dfrac{5x^3 z^2}{2y^5} \right)^3$

개념 03

06 다음 □ 안에 알맞은 수를 써넣어라.

(1) $(x^4 y^{\square})^3 = x^{12} y^6$

(2) $(a^3 b^5)^{\square} = a^{12} b^{20}$

(3) $\left(\dfrac{3a^3}{b^7} \right)^{\square} = \dfrac{9a^6}{b^{14}}$

(4) $\left(\dfrac{y^{\square}}{x^3} \right)^5 = \dfrac{y^{20}}{x^{\square}}$

(5) $(-2ab^2)^{\square} = \boxed{} a^3 b^{\square}$

(6) $\left(-\dfrac{y^{\square}}{x^2} \right)^4 = \dfrac{y^{12}}{x^{\square}}$

(7) $\left(\dfrac{-2x}{y^{\square}} \right)^5 = \dfrac{\boxed{} x^5}{y^{10}}$

07 다음 중 계산 결과가 옳은 것에는 ○표, 틀린 것에는 ×표를 하고 바른 답을 구하여라.

(1) $(x^5)^3 = x^8$

( ) _____

(2) $x^5 \times x = x^5$

( ) _____

(3) $x^7 \div x^7 = 0$

( ) _____

(4) $\left(\dfrac{x^3}{y^2}\right)^3 = \dfrac{x^9}{y^6}$

( ) _____

(5) $(3xy)^4 = 12x^4 y^{14}$

( ) _____

(6) $(-2x^4)^3 = 8x^{12}$

( ) _____

(7) $x^{12} \div (x^6 \div x^2) = x^8$

( ) _____

08 다음 식을 간단히 하여라.

(1) $3x \times 2x^5$

(2) $\dfrac{1}{3}x^3 \times (-12x^2)$

(3) $x^4 y^5 \times \left(\dfrac{1}{2}x^2 y\right)$

(4) $\left(-\dfrac{2}{3}xy^3\right) \times \left(-\dfrac{9}{8}x^3 y^2\right)$

(5) $(-3x^3) \times (-2xy)^2$

09 다음 식을 간단히 하여라.

(1) $6x^3 \div 2x^2$

(2) $21x^{15} \div (-7x^8)$

(3) $x^5 y^3 \div \dfrac{1}{3}x^6 y^4$

(4) $\left(\dfrac{4}{3}x^4 y^5\right) \div \left(-\dfrac{4}{15}x^3 y^6\right)$

(5) $3x^3 y^4 \div \left(-\dfrac{1}{3}x^2 y\right) \div 9xy$

개념 05

10 다음 식을 간단히 하여라.

(1) $(-2x)^3 \div 4x^2 \times 3x$

(2) $8x^3y \times 4x^5y \div 2x^2y$

(3) $(-2x)^2 \times (-3x^3) \div 6x$

(4) $6a^3b^3 \div (-2a^2b)^2 \times 8a^2b^2$

(5) $(-x^2y^3)^2 \div \left(\dfrac{1}{3}xy\right)^2 \times x^3y$

(6) $-x^2y^3 \div \dfrac{1}{3}x^5y^3 \times \dfrac{2}{3}x^3y^2$

개념 05

11 다음 ☐ 안에 알맞은 것을 써넣어라.

(1) $4x^4y^2 \times \boxed{} = 36x^6y^2$

(2) $\boxed{} \div (-8a^2b^4) = -2a^3b$

(3) $6x^3y \div \boxed{} \times 4y = 8xy$

(4) $\boxed{} \div (-2x^2y)^2 \times 8x^2y = 12xy^2$

(5) $(-4x^4)^2 \times \boxed{} \div (-2x^3y)^3 = -4x$

(6) $(5x^2y)^2 \div (-5x^3y^2)^2 \times \boxed{} = 3$

개념 05

12 밑면의 가로의 길이가 $2xy^2$, 세로의 길이가 $\dfrac{y^2}{3x}$ 인 직육면체의 부피가 $4x^3y^5$일 때, 직육면체의 높이를 구하여라.

개념 05

13 밑변의 길이가 $\dfrac{6}{5}xy^2$이고, 넓이가 $12x^2y^4$인 삼각형의 높이를 구하여라.

다항식의 덧셈과 뺄셈

(1) 괄호가 있으면 괄호를 풀고 동류항끼리 모아서 계산한다.

예 $(2x+5y)+(4x-3y)=2x+5y+4x-3y=(2+4)\boxed{}+(5-3)\boxed{}=\boxed{}$

(2) 뺄셈은 빼는 식의 각 항의 부호를 바꾸어 더한다.

예 $(4x-5y)-(2x-8y)=4x-5y-2x\boxed{}8y=4x-2x-5y+8y=\boxed{}$

(3) 분수식의 계산은 분모의 최소공배수로 통분하여 푼다.

예 $\dfrac{x-y}{2}+\dfrac{x+y}{3}=\dfrac{3(x-y)}{6}+\dfrac{\boxed{}(x+y)}{6}=\dfrac{\boxed{}x-y}{6}$

(4) 괄호는 (소괄호) ➡ { 중괄호 } ➡ [대괄호]의 순서로 푼다.

예 $3x+[4y+\{2x+(5y-6x)\}]=\boxed{}$

유형 **다항식의 덧셈**

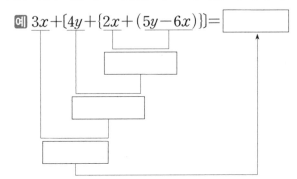

• $(a+2b)+(3a+4b)$ ── 괄호 풀기
$=a+2b+3a+4b$ ← 동류항끼리 계산
$=4a+6b$ ←

01 다음 식을 간단히 하여라.

(1) $(3x-2y)+(5x+4y)$

(2) $(5x-3y)+(7x-4y)$

(3) $(2a+3b)+(-3a+5b)$

(4) $(-4x+5y)+(-3x-9y)$

(5) $(2x+y+1)+(3x+4y+3)$

(6) $(3x-2y+1)+(x-y+5)$

(7) $(-2x-3y+2)+(3x+5y-1)$

(8) $(2b-3a+1)+(10a+6b-4)$

(9) $6\left(\dfrac{1}{2}a+\dfrac{1}{3}b-1\right)+4\left(\dfrac{1}{4}a-\dfrac{1}{2}b+1\right)$

$$\begin{aligned} \bullet\ (10x+8y)&-(-7x+2y) \\ &=10x+8y+7x-2y \\ &=17x+6y \end{aligned}$$

괄호 풀기

동류항끼리 계산

02 다음 식을 간단히 하여라.

(1) $(-3x+4y)-(x-2y)$

(2) $(7a+5b)-(-4a+3b)$

(3) $(2y-3x)-(8x-9y)$

(4) $5(3b-2a)-4(-7b-5a)$

(5) $-3(2a+b)-2(-3a-8b)$

(6) $(3a+5b-2)-(2a-2b+1)$

(7) $\left(\dfrac{3}{5}x+\dfrac{4}{7}y\right)-\left(-\dfrac{2}{5}x+\dfrac{3}{7}y\right)$

(8) $\left(\dfrac{1}{3}x-\dfrac{4}{5}y\right)-\left(\dfrac{3}{5}x-\dfrac{1}{3}y\right)$

$$\bullet\ 1-[a+\{3a-(-5a+1)\}]=-9a+2$$

① $5a-1$
② $8a-1$
③ $9a-1$
④ $1-9a+1=-9a+2$

03 다음 식을 간단히 하여라.

(1) $-2a-3\{4a-(a+b)\}$

(2) $2x-3y-\{y-(2x-3y)\}$

(3) $-4x+2y-\{-x+(3x-2y)\}$

(4) $x-[2x-3y+\{-4x-2y-(x+4y)\}]$

(5) $-3a-[2b-\{-5a-(-3a+4b)-b\}]$

도전! 100점

04 $2a-1+\{(-3a+1)+5a\}$를 간단히 하면?

① $4a-2$　　② $4a$　　③ $5a$
④ -2　　⑤ 2

(1) **이차식** : 다항식 중에서 최고 차수가 2인 다항식

　　예 $3x^2+5x-6$에서 차수가 가장 높은 항인 $3x^2$의 차수가 □이므로 이차식이다.

(2) **이차식의 덧셈과 뺄셈**

　　① 괄호가 있으면 괄호를 풀고 동류항끼리 모아서 계산한다.

　　예 $(2x^2-3x+4)+(4x^2+x-7)=2x^2-3x+4+4x^2+x-7$
　　　　　　　　　　　　　　　　　$=(2+4)x^2+(-3+1)x+(4-7)$
　　　　　　　　　　　　　　　　　$=$ □

　　② 뺄셈은 빼는 식의 각 항의 부호를 바꾸어 더한다.

　　예 $(3x^2-2x+5)-(2x^2-3x-8)=3x^2-2x+5$□$2x^2$□$3x$□$8$
　　　　　　　　　　　　　　　　　$=3x^2-2x^2-2x+3x+5+8$
　　　　　　　　　　　　　　　　　$=$ □

유형 **이차식**

차수
↓
$3x^2+3x-1 \longrightarrow$ 이차식

01 다음 식이 이차식이면 ○표, 이차식이 아니면 ×표 하여라.

(1) $2x^2-x+3$　　　　　　　(　)

(2) $-3x^2+6$　　　　　　　(　)

(3) $4x+y-1$　　　　　　　(　)

(4) x^3-3x^2-x+1　　　　(　)

(5) $x^4+6x^2-x^4+2$　　　　(　)

유형 **이차식의 덧셈과 뺄셈**

• $(3x^2-2x-1)-(x^2-x+1)$　　괄호 풀기
$=3x^2-2x-1-x^2+x-1$　　동류항끼리 계산
$=2x^2-x-2$

02 다음 식을 간단히 하여라.

(1) $(2x^2+5)+(3x^2-6)$

(2) $(4x^2-5x-4)+(-x^2+4x-2)$

(3) $(2x^2-5x+7)+(x^2+3x+1)$

(4) $(x^2-3x+4)+(2x^2-x-1)$

(5) $(x^2+2x+5)-(4x^2-3x-4)$

(6) $(-a^2+4a)-(-2a^2+3a-1)$

(7) $(2x^2+5x-1)-(-4x^2+3x-2)$

(8) $(-3+2a-9a^2)-(-7a^2-2a-4)$

(9) $(-3x^2-x+7)-2(5x^2+2x-1)$

(10) $2(3x^2+9x)-3(x^2+4x-1)$

(11) $\left(\dfrac{5}{2}a^2-\dfrac{1}{3}a-1\right)+\left(\dfrac{1}{3}a^2+a-2\right)$

(12) $\dfrac{x^2+3x+2}{3}+\dfrac{3x^2+2x-1}{2}$

(13) $\dfrac{-3x^2+x-1}{2}-\dfrac{3x^2-2x+4}{5}$

유형 이차식 □ 구하기

• $\square-(2a^2+3a-5)=a^2-8a+7$
→ $\square=a^2-8a+7+(2a^2+3a-5)$ ← 이항
  $=a^2-8a+7+2a^2+3a-5$
  $=3a^2-5a+2$

03 다음 □ 안에 들어갈 알맞은 식을 구하여라.

(1) $(4a^2-5a-3)+\square=5a^2+2a+2$

(2) $\square+(6a^2-2a-1)=-2a^2-3a+4$

(3) $(-5a^2+3a-9)-\square=-3a^2+2a-6$

(4) $(7-5a+3a^2)+\square=a^2-a+2$

도전! 100점

04 다음 중 이차식인 것을 모두 고르면? (정답 2개)

① $3+4a$ ② $5a+3b-1$
③ $a^2-a(2-a)$ ④ $6a^2-2(3a^2+1)$
⑤ $\dfrac{1}{2}a^2+a(a-1)$

05 $(4x^2+x-3)-(6x^2-5x+1)$을 간단히 했을 때, 이차항의 계수와 일차항의 계수의 합은?

① -4 ② -2 ③ 2
④ 4 ⑤ 6

(1) **다항식의 곱셈** : 분배법칙을 이용하여 계산한다.

예 $3x(5x+2y)=3x \times 5x + 3x \times \boxed{} = \boxed{}$

(2) **다항식의 나눗셈**

[방법 1] 분수로 고치기

$$(A+B) \div C = \dfrac{A+B}{C}$$

[방법 2] 역수를 이용하여 곱셈으로 바꾸기

$$(A+B) \div C = (A+B) \times \dfrac{1}{C}$$

예 $(12x^2y-9y) \div 3y = \dfrac{12x^2y-9y}{3y} = \dfrac{12x^2y}{3y} + \dfrac{-9y}{\boxed{}} = \boxed{}$

$(4a^2-6ab) \div 2a = (4a^2-6ab) \times \dfrac{1}{2a} = 4a^2 \times \dfrac{1}{2a} - 6ab \times \dfrac{1}{\boxed{}} = \boxed{}$

유형 **단항식과 다항식의 곱셈**

• $2x(x+1) = 2x^2 + 2x$

01 다음 식을 간단히 하여라.

(1) $2x(3x-1)$

(2) $3b(2a+b)$

(3) $2a(3a-2b)$

(4) $-3a(a-3b)$

(5) $-4x(3x-2y)$

(6) $2x(x-y+3)$

(7) $-3x(x-y+1)$

(8) $3x(2x-5y+1)$

(9) $(2x-3y-1) \times (-2y)$

(10) $(3b-2a-1) \times (-3a)$

(11) $(-6x+9y+3) \times \dfrac{1}{3}y$

유형 다항식과 단항식의 나눗셈

[방법 1] $(a^2-4ab^2)\div 2a \xrightarrow{\text{분수꼴}} \dfrac{a^2-4ab^2}{2a}$

[방법 2] $(a^2-4ab^2)\div 2a \xrightarrow{\text{역수의 곱}} (a^2-4ab^2)\times \dfrac{1}{2a}$

02 다음 식을 간단히 하여라.

(1) $\dfrac{8a-4a^2}{2a}$

(2) $\dfrac{5x^2y+20x^3}{5x^2}$

(3) $(12xy+6x)\div 2x$

(4) $(10a^2-55a)\div 5a$

(5) $(-9x^2-3xy)\div 3x$

(6) $(12x^2y-24x)\div 4x$

(7) $(12x^3-6x^2)\div 2x^2$

(8) $(14a^2b^6-28b^3)\div(-7b^2)$

(9) $(12x^2+6x-9)\div 3x$

(10) $(4x-2x^2)\div \dfrac{x}{2}$

(11) $(a^5-4a^3)\div \dfrac{a}{2}$

(12) $(4x^2-6x)\div \dfrac{2x}{3}$

(13) $(6x^2y^2+4x)\div \dfrac{x}{2}$

(14) $(a^5b-4a^3)\div \dfrac{a^2}{2}$

(15) $(4x^3y^2-6x^2y^5)\div(-2xy)$

(16) $(-6x^3y^4+8x^4y^5)\div(-2x^2y^3)$

(17) $(15a^2b+6ab^2)\div \dfrac{3}{2}ab$

(18) $(2a^2b^2-3ab^5)\div\left(-\dfrac{1}{2}ab^2\right)$

(19) $(-6x^3y-4x^2y)\div\left(-\dfrac{1}{2}xy\right)$

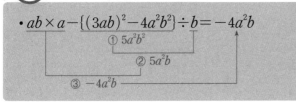

유형 **다항식의 혼합 계산 순서**

$\cdot \underline{ab \times a - \{(3ab)^2 - 4a^2b^2\} \div b} = -4a^2b$
① $5a^2b^2$
② $5a^2b$
③ $-4a^2b$

03 다음 식을 간단히 하여라.

(1) $4x(-x+3)+5x(x-2)$

(2) $xy(4x+y)-(2xy-y^2) \times x$

(3) $\dfrac{8x-4x^2}{2x}+\dfrac{18x^2-9x}{3x}$

(4) $(6x^2+15x) \div 3x + (6x^3-4x^2) \div 2x^2$

(5) $(8a^2b^3+4ab) \div 4ab - (6a^3+4a) \div (-2a)$

(6) $-3x(2x-y)-(x+3y) \times (-2x)$

(7) $(x^2y-3xy^2) \div (-xy)-(7xy^2-3y^3) \div 3y^2$

(8) $15x\left(\dfrac{2}{3}x+1\right)-\{x(x^2+5xy)-2x^3\} \div x$

04 다음을 읽고 어떤식과 바르게 계산한 답을 각각 구하여라.

(1) 어떤 식에 $2x+5$를 더해야 할 것을 잘못하여 뺐더니 x^2+4x+4가 되었다.

어떤 식   : _____
바른 계산 : _____

(2) 어떤 식에서 $2x^2+3x+4$를 빼야 할 것을 잘못하여 더했더니 x^2+9가 되었다.

어떤 식   : _____
바른 계산 : _____

(3) 어떤 식에서 $3-2a+a^2$을 빼야 할 것을 잘못하여 더했더니 $3a^2+6a+1$이 되었다.

어떤 식   : _____
바른 계산 : _____

(4) 어떤 식에 $-5a^2-2a+1$을 더해야 할 것을 잘못하여 뺐더니 $6a^2+4a-1$이 되었다.

어떤 식   : _____
바른 계산 : _____

유형 특정 계수 구하기

$$\cdot\ \overset{3x^2}{x(3x+2)}-\overset{3x^2}{3x(7-x)}\ \rightarrow\ x^2\text{의 계수}: 6$$

$$\cdot\ \overset{4a}{(4a^2-ab)\div a}+\overset{-3a}{(b^2-3ab)\div b}\ \rightarrow\ a\text{의 계수}: 1$$

05 다음 식을 전개하여 [ ] 안의 항의 계수를 구하여라.

(1) $x(2-3x)-2x(3x-1)$ $[\,x^2\,]$

(2) $3x(x+1)-5(x-1)$ $[\,$상수항$\,]$

(3) $-4a(a+6)-3a(2a-7)$ $[\,a\,]$

(4) $a(-a+2b)-a(a-3b)$ $[\,ab\,]$

(5) $x(2x-3)+(2x-4)\times(-3x)$ $[\,x^2\,]$

(6) $(-3x+4y)+\left(-\dfrac{4x}{y}-2\right)\times(-2y)$ $[\,x\,]$

(7) $\left(2y-\dfrac{y}{x}\right)\times(-3x)-(3xy-5y)$ $[\,y\,]$

(8) $\dfrac{2}{3}x\left(x+y-\dfrac{3}{2}\right)+\dfrac{1}{3}x^2-\dfrac{3}{2}xy$ $[\,xy\,]$

(9) $\dfrac{6x^2+8xy}{2x}-\dfrac{24xy-15y^2}{3y}$ $[\,y\,]$

(10) $(5x^2-xy)\div(-5x)+(6x^2+3x)\div(-3x)$
$[\,$상수항$\,]$

(11) $-2x(4x-8y)+(8x^2y^2-4x^3y)\div 4xy$
$[\,xy\,]$

(12) $(15x^2y-6x^3y)\div 3xy-(6x-4)\times(-4x)$
$[\,x^2\,]$

(13) $5(x+2y-1)+(8x^2+20xy-8x)\div(-2x)$
$[\,x\,]$

도전! 100점

06 어떤 식에 $3x^2+2x+5$를 더해야 할 것을 잘못하여 뺐더니 x^2-x+4가 되었다. 이 때 바르게 계산한 답을 구하여라.

식의 값과 식의 대입

(1) **식의 값** : 어떤 식에서 문자 대신 수를 대입하여 계산한 값

　예 $x=1$, $y=-2$일 때, $2x+y=2\times1+\boxed{}=0$

(2) **식의 값을 구하는 방법**

　① 괄호를 풀고 동류항끼리 계산하여 주어진 식을 간단히 한다.

　② 간단히 변형된 식에 문자의 값을 대입한다.

　③ 값을 계산한다.

(3) **식의 대입** : 주어진 식의 문자에 그 문자를 나타내는 다른 식을 넣는 것

　예 $a=2+b$일 때, $2a+3b-5$를 b에 관한 식으로 나타내면

　　$2a+3b-5=2(2+b)+3b-5$ ← 대입하는 식을 괄호로 묶어서 대입한다.

　　　　　　　 $=4+2b+3b-5$

　　　　　　　 $=\boxed{}$

유형 **식의 값 – 문자 1개**

・$-3x^2+10x+15$ $\xrightarrow{x=5\text{일 때}}$

　　　　　$-3\times5^2+10\times5+15=-10$

01 다음 식의 값을 구하여라.

(1) $x=2$일 때, $3x-1$의 값

(2) $x=3$일 때, $4x+5$의 값

(3) $a=-4$일 때, $5a-8$의 값

(4) $x=1$일 때, $3x^2+2x+1$의 값

(5) $x=-2$일 때, $-5x^2-7x+10$의 값

(6) $x=-3$일 때, $\dfrac{1}{2}(x^2-1)+(2x+3)$의 값

유형 **식의 값 – 문자 2개**

・$3x-2y+1$ $\xrightarrow{x=2,\ y=-1\text{일 때}}$

　　　　　$3\times2-2\times(-1)+1=9$

02 $x=-2$, $y=3$일 때, 다음 식의 값을 구하여라.

(1) $2x-3y-5$

(2) $3x(y-2)$

(3) $2x^2y-3xy^2$

(4) $-2x^2+xy+y^2$

(5) $(2x+5y)-2(3x+y)$

(6) $2x(x-y)-3x(x-2y)$

$$\cdot\, x+2y-5 \xrightarrow[\text{대입}]{y=3x+1 \text{을}} x+2(3x+1)-5$$
$$=7x-3$$

03 $y=3x+1$일 때, 다음 식을 x에 관한 식으로 나타내어라.

(1) $2x-y$

(2) $x+2y$

(3) $2x-3y$

(4) $2x-y+2$

(5) $2x-3y+5$

(6) $x-2y+7$

(7) $-3x-2y+1$

(8) $2x(y-1)$

(9) $3x(y-3)$

(10) $\dfrac{x}{2}+\dfrac{y}{3}-1$

$$\cdot\, A-2B \xrightarrow[B=2x-y \text{를 대입}]{A=x+2y} (x+2y)-2(2x-y)$$
$$=-3x+4y$$

04 다음 식을 x, y에 관한 식으로 나타내어라.

(1) $A=x+y$, $B=2x-y$일 때, $-A+2B$

(2) $A=2x+y$, $B=-x+4y$일 때, $A-4B$

(3) $A=2x-y$, $B=x+3y$일 때, $2A-3B$

(4) $A=x-3y$, $B=2x+y$일 때, $2A+3B$

(5) $A=2x-5y$, $B=-x-4y$일 때,
$2A-(A-3B)$

도전! 100점

05 $A=2x-y$, $B=-x+2y$일 때,
$A-3B+4A$를 x, y에 관한 식으로 바르게 나타낸 것은?

① $13x$ ② $13x+11y$ ③ $13x-y$
④ $-11y$ ⑤ $13x-11y$

개념 06

01 다음 식을 간단히 하여라.

(1) $(2x-3y-4)+(-x+2y+5)$

(2) $-2(3a+b+2)-2(-4a-7b-5)$

(3) $-2x-\{7x-2y-(5x-3y)\}$

(4) $5a-[3b-\{-2a-(6a+b)-2b\}]$

(5) $5a-[6a-2b-\{4a-(5b+a)\}]$

개념 07

02 다음 식이 이차식이면 ○표, 이차식이 아니면 ×표 하여라.

(1) $3x^2-2x+1$ 　　　　　　(　　)

(2) $3y-2a-1$ 　　　　　　(　　)

(3) $-\dfrac{1}{2}a^2+\dfrac{1}{3}a+\dfrac{1}{6}$ 　　　(　　)

(4) $\dfrac{2}{3}y-\dfrac{5}{2}x-\dfrac{8}{7}$ 　　　　(　　)

(5) $\dfrac{1}{x^2}+x+2$ 　　　　　　(　　)

(6) x^3+2x^2+3x+4 　　　　(　　)

(7) $-3x^2+x^2-2x+3x^2+1$ 　(　　)

(8) $(2y)^2-3y-2y^2+y$ 　　(　　)

개념 07

03 다음 식을 간단히 하여라.

(1) $(x^2+2)+(4x^2-5)$

(2) $(3x^2-2x-7)+(-4x^2+6x-2)$

(3) $(8x^2-5x+3)-(3x^2+5x-8)$

(4) $7x^2-\{4x^2-7x-(-3x+5)\}$

(5) $-x^2-[2x-\{4x^2-(3x+2)-5\}]$

04 다음 식을 간단히 하여라.

(1) $-2x(x+y)-3y(2x-y)$

(2) $4a(a-3b)-5a(5a+2b)$

(3) $-x(2x-6)+(x-2)\times(-3x)$

(4) $(3a-12b)\div 3-(6a^2-8ab)\div 2a$

(5) $\dfrac{3x^2-9xy}{3x}+(8xy-4y^2)\div(-2y)$

(6) $(12x^2y-8xy^2)\div 2x-y(4x+7y)$

05 다음 식을 간단히 하여 [　] 안의 항의 계수를 구하여라.

(1) $(2x^2y+2xy^2-6xy)\div(-2xy)$ 　[x]

(2) $-2x(x-y)+(4x+5y)\times 6x$ 　[xy]

(3) $(3a-12b)\div 3-(6a^2+8ab)\div 2a$ 　[b]

(4) $2a(3a-5)+(10a^3+6a^2)\div 2a$ 　[a^2]

(5) $(4x^2y+6x)\div\dfrac{1}{2}x-(6xy+18y)\div(-3y)$

[상수항]

(6) $xy(12x^2y+20xy)-(2x-4)\times(-7x)$

[x^2y^2]

06 다음을 읽고 어떤식과 바르게 계산한 답을 각각 구하여라.

(1) 어떤 식에 $3x+5$를 더해야 할 것을 잘못하여 뺐더니 x^2+2x-1이 되었다.

어떤 식　　：＿＿＿＿＿＿＿＿
바른 계산 : ＿＿＿＿＿＿＿＿

(2) 어떤 식에서 $5x^2-4x+9$를 빼야 할 것을 잘못하여 더했더니 $7x^2-9x+12$가 되었다.

어떤 식　　：＿＿＿＿＿＿＿＿
바른 계산 : ＿＿＿＿＿＿＿＿

(3) 어떤 식에서 $5a^2+3a$를 빼야 할 것을 잘못하여 더했더니 $-3a^2+5a-2$가 되었다.

어떤 식　　：＿＿＿＿＿＿＿＿
바른 계산 : ＿＿＿＿＿＿＿＿

(4) 어떤 식에 b^2+5b-1를 더해야 할 것을 잘
못하여 뺐더니 $2b^2-8b+3$이 되었다.

어떤 식　　: _____

바른 계산 : _____

(5) x^2+x+1에 어떤 식을 더해야 할 것을 잘
못하여 뺐더니 $-x^2-2x+2$가 되었다.

어떤 식　　: _____

바른 계산 : _____

(6) $-x^2+2x-5$에서 어떤 식을 빼야 할 것을
잘못하여 더했더니 $-5x^2+3x-1$이 되었다.

어떤 식　　: _____

바른 계산 : _____

개념 **09**

07 다음 식의 값을 구하여라.

(1) $x=1$일 때, $2x+1$의 값

(2) $x=2$일 때, $5x+4$의 값

(3) $y=3$일 때, $5y+8$의 값

(4) $y=-1$일 때, $3y^2-2y-1$의 값

(5) $a=4$일 때, $-a^2+7a-10$의 값

개념 **09**

08 $x=3$, $y=-2$일 때, 다음 식의 값을 구하여라.

(1) $5x+3y-2$

(2) $3y(x+2)$

(3) x^2y-2xy^2

(4) $(x+3y)-5(x+3y)$

(5) $3x(x+y)-2y(2x-y)$

개념 **09**

09 $A=x+y$, $B=2x-y$일 때, 다음 식을 x, y에 관한 식으로 나타내어라.

(1) $A-B$

(2) $3A-2B$

(3) $2A-B-2(B-A)$

(4) $3A-4B-(2A-2B)$

(5) $4A-\{2A-(A+B)\}$

개념 09

10 $A=3a-b$, $B=a+5b$일 때, 다음 식을 a, b에 대한 식으로 나타내어라.

(1) $A-B$

(2) $2A+3B$

(3) $B-2A-(A+B)$

(4) $A-2B-(2A-B)$

(5) $4B-\{4A-(-3A-B)\}$

개념 09

11 $y=3x-1$일 때, 다음 식을 x에 대한 식으로 나타내어라.

(1) $2x+y-5$

(2) $x-2y+1$

(3) $9x-2(y+x)+6$

(4) $3(x-y)+9x-4y+5$

(5) $2(2x-y+1)+5y-4$

개념 09

12 $x=2y-3$일 때, 다음 식을 y에 대한 식으로 나타내어라.

(1) $x-y+2$

(2) $2x+3y+2$

(3) $3x-4(x+y)$

(4) $2(x-y)+x-3y+5$

(5) $5x-2(x+2y-2)+4$

개념 09

13 $x+y=2$일 때, 다음 식을 x에 대한 식으로 나타내어라.

(1) $x-y$

(2) $x+2y$

(3) $3x+y$

(4) $2x+y+1$

(5) $3(x+y)-y$

01 다음 중 옳은 것은?

① $x^4 \times x^2 = x^8$

② $(a^3)^3 = x^6$

③ $x^{10} \div x^5 = x^2$

④ $\left(\dfrac{a^3}{b}\right)^2 = \dfrac{a^6}{b^2}$

⑤ $3^3 \times 3^3 \times 3 = 3^9$

02 $\left(\dfrac{4}{3}x^3y^2\right)^2 \div \left(\dfrac{2}{3}x^2y\right)^3$ 을 간단히 하면?

① $6x$　　　　② $6y$　　　　③ $\dfrac{2}{3}xy$

④ $\dfrac{x}{4}$　　　　⑤ $6xy$

03 $\left(\dfrac{Ax^2}{y^3z}\right)^B = \left(\dfrac{-8x^6}{y^9z^C}\right)$일 때, $A+B+C$의 값은?

① 4　　　　② 6　　　　③ 9

④ 10　　　　⑤ 11

04 $16ab^3 \div \left(-\dfrac{ab}{2}\right)^2 \times (-a)^2$을 간단히 한 것은?

① $32a^2b$　　② $64ab$　　③ $64a^2b^2$

④ $32ab$　　⑤ $64a^2b^2$

05 $(x^3)^{\square} \times y^2 \times x^5 \times (y^{\square})^7 = x^{17}y^{16}$일 때, $\square$ 안에 알맞은 수를 차례로 구하면?

① 5, 3　　　② 6, 4　　　③ 4, 2

④ 4, 6　　　⑤ 3, 5

06 $\square \div (-12x^2y^3) = 3xy^2$일 때, $\square$ 안에 들어갈 알맞은 식은?

① $-36x^3y^5$　② $-36x^2y^5$　③ $-4x^3y^5$

④ $-4x^2y$　　⑤ $\dfrac{-4x^2}{y}$

07 다음 두 식 A, B에 대하여 $A+B$, $A-B$의 값을 차례대로 각각 구하면?

$$A=2x-3y+7,\ B=-3x-5y+1$$

① $-x-7y+6,\ 3x+y+8$
② $-x-8y+6,\ 5x+2y+8$
③ $-x-8y+8,\ 5x+2y+6$
④ $-5x-8y+8,\ x+2y+6$
⑤ $-4x-y+7,\ 3x+2y+3$

08 $2a-[7a-4b-\{(3b-2a)+4a\}]$를 간단히 하여라.

09 다음 중 x에 대한 이차식인 것을 고르면?

① $y=x+4$
② $2x^2-2(x^2+x+1)$
③ $-3x-2xy$
④ x^3+2x+1
⑤ $x^3-x^2+2x-x^3$

10 다음 식을 전개하였을 때, x의 계수는?

$$(3x^2-9xy)\div 3x+(4xy-2y^2)\div(-y)$$

① -3 ② -1 ③ 0
④ 1 ⑤ 3

11 다음 중 식을 전개하였을 때, x의 계수가 가장 큰 것은?

① $(4x^2y-8xy)\div 2xy$
② $(20x^2-5xy^2)\times\dfrac{1}{2x}$
③ $(x^2+x+2)-(3x^2-x+1)$
④ $2x(x-2)+3(x^2-2x+4)$
⑤ $-x(3x-y+5)$

12 $(6x^2-2x+1)-(4x^2+3x-3)$을 간단히 한 것은?

① x^2-4x-5 ② $2x^2-4x-5$
③ $2x^2-5x+4$ ④ $3x^2-6x+4$
⑤ $3x^2-4x+5$

13 다음 ☐ 안에 알맞은 식을 구하여라.

$$3x^2 - 6x + 11 - \boxed{} = 9x^2 - 7x + 3$$

14 어떤 식에서 $-x^2 - 4x + 3$을 빼야 할 것을 잘못하여 더했더니 $4x^2 + x - 3$이 되었다. 이 때 바르게 계산한 식은?

① $2x^2 + 6x + 5$ ② $2x^2 + 7x - 6$
③ $6x^2 + 9x - 9$ ④ $4x^2 + 9x - 4$
⑤ $6x^2 + 8x - 4$

15 $x = -3$, $y = 2$일 때,
$\dfrac{1}{3}(9x^2 - 6xy) - x(4x - 7y)$의 값은?

16 $y = 3x - 4$일 때, 다음 식을 x에 대한 식으로 나타내어라.

$$2(x + 3y) + 5x - y - 10$$

17 $A = x + 3y$, $B = -x + y$일 때, $2(A - B) + 3B$를 x, y에 관한 식으로 바르게 나타낸 것은?

① $x - 7y$ ② $x + 5y$ ③ $x + 7y$
④ $3x + 5y$ ⑤ $3x + 7y$

18 밑면의 가로의 길이가 $3xy^2$, 세로의 길이가 $\dfrac{4}{3}x^6y^3$인 직육면체의 부피가 $48x^8y^6$일 때, 직육면체의 높이를 구하여라.

III 일차부등식과 연립일차방정식

(1) **부등식** : 부등호($>$, $<$, $\geq$, $\leq$)를 사용하여 수 또는 식의 대소 관계를 나타낸 식

부등호의 왼쪽 부분을 **좌변**, 오른쪽 부분을 **우변**, 좌변과 우변을 통틀어 **양변**이라고 한다.

예 $2 < 3$, $3x+1 < 2x+5$

예 $3x+1 < 2x+5$
좌변 우변
양변

(2) **부등식의 해** : 미지수 x를 포함한 부등식에 대하여 이 부등식을 참이 되게 하는 x의 값

$x < a$	$x \leq a$	$x \geq a$	$x > a$
• x는 a보다 **작다.** • x는 a **미만**이다.	• x는 a보다 **작거나 같다.** • x는 a **이하**이다. • x는 a보다 **크지 않다.**	• x는 a보다 **크거나 같다.** • x는 a **이상**이다. • x는 a보다 **작지 않다.**	• x는 a보다 **크다.** • x는 a **초과**이다.

(3) **부등식을 푼다** : 부등식의 모든 해를 구하는 것

예 x의 값이 1, 2, 3, 4일 때, $3x-2 < 5$를 참이 되게 하는 x의 값이 1, 2이므로 구하는 해는 ☐, ☐ 이다.

유형 **부등식 찾기**

• $x+1$, $x+7=9$ → 부등식이 아니다.
• $5 < 7$, $2x+1 > 2$ → 부등식이다.

01 다음 중 부등식인 것에는 ◯표, 부등식이 아닌 것에는 ×표 하여라.

(1) $a+5$ 　　　　　　(　)

(2) $2x=6$ 　　　　　　(　)

(3) $x-3 < 1$ 　　　　　(　)

(4) $6 \times 9 < 60$ 　　　　(　)

(5) $2x-3 \geq x-1$ 　　　(　)

(6) $3x+5=x-1$ 　　　(　)

유형 **문장을 부등식으로 나타내기**

• x에서 2를 빼면 6보다 **크다.** → $x-2 > 6$

02 다음 문장을 부등식으로 나타내어라.

(1) 어떤 수 x의 2배에서 3을 빼면 5보다 작다.

(2) x에서 5를 빼면 10 미만이다.

(3) x의 4배는 35 보다 크지 않다.

(4) 어떤 수 x에 4를 더한 것은 x의 3배보다 작지 않다.

(5) 700원짜리 사탕 1개와 500원짜리 사탕 x개의 가격이 2000원 이하이다.

$\cdot 2x-1\geq 2 \xrightarrow[\text{대입}]{x=3} \underset{5}{2\times 3-1}\geq 2$ (참)

$\longrightarrow x=3$은 $2x-1\geq 2$의 해

03 다음 중 [ ] 안의 수가 주어진 부등식의 해이면 ○표, 해가 아니면 ×표 하여라.

(1) $4-x\geq 1$ [2] (   )

(2) $2x-3<1$ [2] (   )

(3) $2x-1\geq 3$ [1] (   )

(4) $3x-1>5$ [3] (   )

(5) $-2x+1\leq -1$ [3] (   )

(6) $-3x+4\leq -2$ [-1] (   )

(7) $2(x+1)<3$ [1] (   )

(8) $2(x-1)>5$ [4] (   )

(9) $5(4-3x)\geq 2$ [-1] (   )

04 x의 값이 [ ] 안에 주어진 수와 같을 때, 다음 부등식의 해를 구하여라.

(1) $x+6<8$ [-1, 0, 1, 2]

(2) $2x+1\leq 3$ [0, 1, 2, 3]

(3) $7-x\leq 2$ [2, 3, 4, 5]

(4) $2x-1\leq 1$ [0, 1, 2, 3]

(5) $4x-4\geq 1$ [0, 1, 2, 3]

(6) $5-4x<4$ [-2, -1, 0, 1]

(7) $-3x+1>-4$ [-1, 0, 1, 2]

(8) $2(x+1)\leq 3$ [-2, -1, 0, 1]

도전! 100점

05 x의 값이 -2, -1, 0, 1, 2일 때, 부등식 $3x+1\geq -2$의 해가 <u>아닌</u> 것은?

① -2 ② -1 ③ 0
④ 1 ⑤ 2

(1) 부등식의 양변에 같은 수를 더하거나 빼어도 부등호의 방향은 바뀌지 않는다.

예 부등식 $2 < 4$에서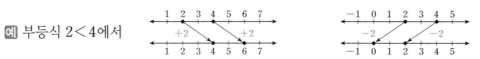

$$2+2 \boxed{\phantom{<}} 4+2 \qquad 2-2 \boxed{\phantom{<}} 4-2$$

(2) 부등식의 양변에 같은 양수를 곱하거나 같은 양수로 나누어도 부등호의 방향은 바뀌지 않는다.

예 부등식 $2 < 4$에서

$$2 \times 2 \boxed{\phantom{<}} 4 \times 2 \qquad 2 \div 2 \boxed{\phantom{<}} 4 \div 2$$

(3) 부등식의 양변에 **같은 음수를 곱하거나 같은 음수로 나누면 부등호의 방향이 바뀐다.**

예 부등식 $2 < 4$에서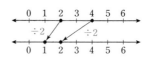

$$2 \times (-2) \boxed{\phantom{<}} 4 \times (-2) \qquad 2 \div (-2) \boxed{\phantom{<}} 4 \div (-2)$$

유형 **부등식의 성질**

$a < b$일 때,

- $a+2 < b+2$
- $a-2 < b-2$
- $a \times 2 < b \times 2$
- $a \div 2 < b \div 2$
- $a \times (-2) > b \times (-2)$
- $a \div (-2) > b \div (-2)$

01 $a < b$일 때, 다음 $\boxed{\phantom{<}}$ 안에 알맞은 부등호를 써 넣어라.

(1) $a+4 \boxed{\phantom{<}} b+4$

(2) $a-\dfrac{1}{2} \boxed{\phantom{<}} b-\dfrac{1}{2}$

(3) $a \times \dfrac{1}{3} \boxed{\phantom{<}} b \times \dfrac{1}{3}$

(4) $a \div 7 \boxed{\phantom{<}} b \div 7$

(5) $a \times (-4) \boxed{\phantom{<}} b \times (-4)$

(6) $a \div (-3) \boxed{\phantom{<}} b \div (-3)$

(7) $\dfrac{a}{2}-3 \boxed{\phantom{<}} \dfrac{b}{2}-3$

(8) $5a+4 \boxed{\phantom{<}} 5b+4$

(9) $-3a-2 \boxed{\phantom{<}} -3b-2$

(10) $1-\dfrac{a}{5} \boxed{\phantom{<}} 1-\dfrac{b}{5}$

- $x > 1$일 때, $2x+1$의 값의 범위

$$x>1 \xrightarrow[\times 2]{\text{양변에}} 2x>2 \xrightarrow[+1]{\text{양변에}} 2x+1>3$$

02 $x \geq 1$일 때, 다음 식의 값의 범위를 구하여라.

(1) $3x+1$

(2) $2x-1$

(3) $-2x+3$

(4) $5-4x$

(5) $-3x-7$

03 $x < -1$일 때, 다음 식의 값의 범위를 구하여라.

(1) $5x$

(2) $5x+4$

(3) $4x-3$

(4) $-3x+1$

(5) $-5x-2$

- $2-3a > 2-3b$일 때

$$2-3a>2-3b \xrightarrow[-2]{\text{양변에}} -3a>-3b$$
$$\xrightarrow[\div(-3)]{\text{양변에}} a<b$$

04 다음 □ 안에 알맞은 부등호를 써넣어라.

(1) $a-(-2) > b-(-2) \;\Rightarrow\; a \;\boxed{}\; b$

(2) $7a \leq 7b \;\Rightarrow\; a \;\boxed{}\; b$

(3) $3a-\dfrac{1}{2} > 3b-\dfrac{1}{2} \;\Rightarrow\; a \;\boxed{}\; b$

(4) $-2x-1 < -2y-1 \;\Rightarrow\; x \;\boxed{}\; y$

(5) $4+\dfrac{x}{2} \leq 4+\dfrac{y}{2} \;\Rightarrow\; x \;\boxed{}\; y$

(6) $2-5x \geq 2-5y \;\Rightarrow\; x \;\boxed{}\; y$

도전! **100점**

05 $a < b$일 때, 다음 중 옳지 <u>않은</u> 것은?

① $-3a > -3b$ ② $1-a < 1-b$

③ $2a-7 < 2b-7$ ④ $\dfrac{a}{5} < \dfrac{b}{5}$

⑤ $-\dfrac{a}{4}+3 > -\dfrac{b}{4}+3$

(1) 부등식의 성질을 이용하여 $x >$ (수), $x <$ (수), $x \geq$ (수), $x \leq$ (수) 중에서 어느 하나의 꼴로 나타낸다.

(2) **부등식의 해와 수직선**

$x > a$	$x < a$	$x \geq a$	$x \leq a$

이때, ○는 부등식의 해에 a가 포함 안 된다는 뜻이고, ●는 a가 포함된다는 뜻이다.

(3) **일차부등식** : 부등식의 모든 항을 좌변으로 이항하여 정리하였을 때, (일차식)> 0, (일차식)< 0, (일차식)≥ 0, (일차식)≤ 0의 꼴 중 하나로 나타낸 부등식

예 일차부등식이 아닌 경우

$$2x - 3 < 1 + 2x, \quad 2x^2 - x > 0$$
식을 정리하면 $-4 < 0$ 이차식

(4) **일차부등식의 풀이**

일차부등식은 다음과 같은 순서로 푼다.

① 미지수 x를 포함한 항은 좌변으로, 상수항은 우변으로 이항한다.

② 양변을 다음과 같이 간단히 한다. (단, a, b는 상수)

$$ax > b, \ ax < b, \ ax \geq b, \ ax \leq b \ (a \neq 0)$$

③ 미지수 x의 계수 a로 양변을 나눈다. 이 때, a가 음수이면 부등호의 방향이 바뀐다.

예 $-3x + 3 > 2x$

$-3x - 2x > -3$ …… ①

$-5x > -3$ …… ②

$x < \boxed{}$ …… ③

유형 **일차부등식의 해를 수직선 위에 나타내기**

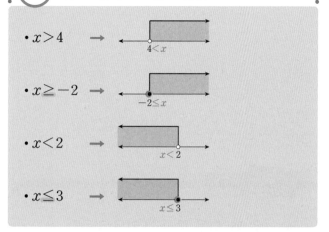

- $x > 4 \ \rightarrow$ ... $4 < x$
- $x \geq -2 \ \rightarrow$ ... $-2 \leq x$
- $x < 2 \ \rightarrow$ ... $x < 2$
- $x \leq 3 \ \rightarrow$ ... $x \leq 3$

01 다음 일차부등식의 해를 오른쪽 수직선 위에 나타내어라.

(1) $x \geq 2$
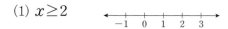

(2) $x \geq -1$

(3) $x \leq 5$

(4) $x \leq -3$

(5) $x > 4$

(6) $x < 5$

(7) $x < -2$

02 다음 중 일차부등식인 것은 ○표, 아닌 것은 ×표를 하여라.

(1) $3x+4>2x+4$ (   )

(2) $x^2 \geq 4+x$ (   )

(3) $-3x+3=0$ (   )

(4) $7+3x+1>5x+5$ (   )

(5) $4x<3+4x$ (   )

03 다음 일차부등식을 풀어라.

(1) $4x \leq 28$

(2) $3x>18$

(3) $5x \leq 20$

(4) $-3x \geq -3$

(5) $-2x \leq 6$

(6) $2x+3 \leq -1$

(7) $4x-5 \geq 7$

(8) $5x+9<x-3$

(9) $4x-15>8x+1$

(10) $3-4x \leq 3x+17$

(11) $16-5x>4-3x$

(12) $17-2x \leq 3+5x$

도전! 100점

04 다음 부등식의 해가 나머지와 다른 하나는?

① $2x<4$
② $x-2x>-2$
③ $-4x-2x>-12$
④ $-x+2>-3x+8$
⑤ $4x-1<1+3x$

복잡한 일차부등식의 풀이

(1) 괄호가 있을 때 : 분배법칙을 이용하여 괄호를 푼다.

예 $4(x+1)-3<5 \xrightarrow{\text{괄호를 푼다}} 4x+4-3<5 \Rightarrow 4x<4 \quad \therefore x<\boxed{}$

(2) 계수가 소수일 때 : 양변에 10의 거듭제곱을 곱하여 계수를 정수로 바꾼다.

예 $0.2x-0.5\leq0.3x \xrightarrow[\text{곱한다}]{\text{양변에 10을}} 2x-5\leq3x \Rightarrow -x\leq5 \quad \therefore x\geq\boxed{}$

(3) 계수가 분수일 때 : 양변에 분모의 최소공배수를 곱하여 계수를 정수로 바꾼다.

예 $\dfrac{x}{2}+\dfrac{1}{3}\geq1 \xrightarrow[\text{6을 곱한다}]{\text{분모의 최소공배수인}} 3x+2\geq6 \Rightarrow 3x\geq4 \quad \therefore x\geq\boxed{}$

유형 **괄호가 있는 일차부등식의 풀이**

• $3(x-4)>-x \xrightarrow[\text{법칙}]{\text{분배}} 3x-12>-x \rightarrow x>3$

01 다음 일차부등식을 풀어라.

(1) $4(x-1)-2x>-6$

(2) $3(x-2)<2(x+8)$

(3) $4(2x-1)-3(2+x)>6x$

(4) $2(1+x)\geq11-3(x-2)$

(5) $3(x+2)<2(x+3)+5x$

(6) $5-(x+3)>2(3x-1)$

유형 **계수가 소수인 일차부등식의 풀이**

• 양변에 10, 100, … 등을 곱하기

$0.3x-0.5\leq0.8x \xrightarrow{\substack{\text{양변에}\\ \times10}} 3x-5\leq8x$

$\xrightarrow{} x\geq-1$

02 다음 일차부등식을 풀어라.

(1) $0.5x-0.8<0.3x$

(2) $0.6x-1>0.3x+0.5$

(3) $0.5x+1.4\geq0.8x-0.7$

(4) $0.4x-0.9\geq0.5x+2.1$

(5) $0.2x-1.8<5x+0.6$

(6) $x+0.15\leq0.3x-0.2$

계수가 분수인 일차부등식의 풀이

• 양변에 분모의 최소공배수 곱하기

$$\frac{2}{3}x+\frac{3}{4}>\frac{1}{12} \xrightarrow[\times 12]{\text{양변에}} 8x+9>1 \rightarrow x>-1$$

03 다음 일차부등식을 풀어라.

(1) $\frac{5}{6}x+\frac{2}{3}\geq\frac{1}{2}x$

(2) $\frac{x}{2}-\frac{1}{5}>\frac{x}{5}-\frac{1}{2}$

(3) $\frac{2}{3}x-\frac{1}{2}>\frac{3}{4}x$

(4) $\frac{1}{5}x-\frac{1}{2}\leq\frac{1}{4}x-\frac{3}{5}$

(5) $\frac{1}{3}x-\frac{1}{6}<\frac{3}{4}x+\frac{2}{3}$

(6) $\frac{x-2}{3}<1+\frac{5x-3}{4}$

(7) $\frac{2x-7}{9}-\frac{x-4}{6}\geq\frac{1}{3}$

04 다음 일차부등식을 풀어라.

(1) $\frac{2}{5}x-0.6\leq 0.8x+\frac{3}{5}$

(2) $\frac{1}{5}(x-2)\leq 0.3x-1.5$

(3) $0.7x+0.5(11-x)\leq\frac{7}{10}$

(4) $0.3(x-5)>\frac{x-3}{2}+1$

(5) $0.13x-0.3<\frac{1}{50}(x-4)$

(6) $1.5\left(x+\frac{4}{5}\right)\geq 0.5\left(x+\frac{2}{5}\right)$

도전! 100점

05 일차부등식 $\frac{3x-1}{4}<\frac{x}{6}$를 풀면?

① $x<\frac{3}{7}$ ② $x<2$ ③ $x>2$

④ $x<\frac{1}{9}$ ⑤ $x>\frac{1}{7}$

미지수가 있는 일차부등식

(1) x의 계수가 미지수인 경우

    ① 좌변에는 x항, 우변에는 상수항을 놓는다.

    ② x의 계수로 양변을 나눈다.

    ③ x의 계수의 부호를 확인한 후, 부등호의 방향을 결정한다.

예 $ax > b$ $(a \neq 0)$에서

$a > 0$이면 $x > \dfrac{b}{a}$

$a < 0$이면 $x < \dfrac{b}{a}$

(2) 부등식의 해가 주어진 경우

    예 일차부등식 $ax + 1 > 3$의 해가 $x < -1$일 때, 상수 a의 값을 구하는 방법

    ① 좌변에는 x항, 우변에는 상수항을 놓는다.   ➡ $ax > 2$

    ② x의 계수 a로 나누어 $x < -1$과 부등호 방향이 같도록 한다. ➡ $x < \boxed{}$

    ③ 부등식 우변의 상수값이 해와 같도록 a 값을 구한다. ➡ $\dfrac{2}{a} = -1$, $a = -2$

  ➡ 문제에서 주어진 일차부등식의 부등호 방향과 그 해의 부등호 방향이 같으면 x의 계수는 양수, 다르면 음수임을 알 수 있다.

유형 x의 계수가 미지수인 경우

> $a > 0$일 때, 양변을 a로 나누면 부등호의 방향이 바뀌지 않는다.
>
> $$ax + 1 < 0 \;\rightarrow\; ax < -1 \;\rightarrow\; x < -\dfrac{1}{a}$$

01 $a > 0$일 때, 다음 부등식의 해를 구하여라.

  (1) $ax < 2$

  (2) $ax \geq 4a$

  (3) $ax > -a$

  (4) $ax + 3a \leq a$

유형 x의 계수가 미지수인 경우

> $a < 0$일 때, 양변을 a로 나누면 부등호의 방향이 바뀐다.
>
> $$ax + 1 < 0 \;\rightarrow\; ax < -1 \;\rightarrow\; x > -\dfrac{1}{a}$$

02 $a < 0$일 때, 다음 부등식의 해를 구하여라.

  (1) $ax < 2$

  (2) $ax \geq 3a$

  (3) $ax - a < 0$

  (4) $-ax \leq 4a$

부등식의 해가 주어진 경우

$ax-3<1$의 해가 $x>-2$일 때, a의 값을 구하면,

$$ax-3<1 \rightarrow ax<4 \overset{①}{\rightarrow} x>\frac{4}{a}$$

$$\rightarrow \frac{4}{a}=-2 \rightarrow a=-2$$

① 주어진 해와 부등호의 방향을 같게 정리한다.

03 다음을 구하여라.

(1) $2x+3\leq a$의 해가 $x\leq 2$일 때, 상수 a의 값

(2) $ax-5<9$의 해가 $x<1$일 때, 상수 a의 값

(3) $ax+8>0$의 해가 $x<2$일 때, 상수 a의 값

(4) $-5x+a>0$의 해가 $x<-1$일 때, 상수 a의 값

(5) $\dfrac{x-3}{2}+\dfrac{x+2}{3}\geq -a+1$의 해가 $x\geq 1$일 때, 상수 a의 값

(6) $\dfrac{ax+2}{5}\leq 4$의 해가 $x\geq -3$일 때, 상수 a의 값

04 다음 두 일차부등식의 해가 같을 때, 상수 a의 값을 구하여라.

(1) $3x-2\geq 1$, $ax+2\geq 4$

(2) $2x+5<3x+6$, $5x-a>3x-5$

(3) $2(x+1)\leq 3x-1$, $7x-3\geq 4x+a$

(4) $\dfrac{x+1}{2}\geq 2x+a$, $2x+1\leq x-2$

도전! 100점

05 $a<1$일 때, 부등식 $ax+2<2a+x$를 풀면?

① $x>2$ ② $x<2$ ③ $x<-2$
④ $x>-2$ ⑤ 해가 없다.

(1) **미지수 x 정하기** : 문제의 뜻을 파악하고, 구하려는 것을 x로 놓는다.

(2) **일차부등식 세우기** : 문제에서 주어진 수량 사이의 대소 관계를 부등식으로 나타낸다.

(3) **일차부등식 풀기** : 부등식을 풀어 해를 구한다.

(4) **확인하기** : 구한 해가 문제의 뜻에 맞는지 확인하여 답을 구한다.

유형 **연속하는 수에 관한 문제**

• 연속하는 두 짝수(또는 홀수) $\rightarrow x,\ x+2$
• 연속하는 세 자연수 $\rightarrow x-1,\ x,\ x+1$

01 연속하는 두 짝수가 있다. 작은 수의 3배에서 4를 뺀 수는 큰 수의 2배 이상일 때, 이들 두 짝수의 합 중 가장 작은 값을 구하려고 한다. 다음 물음에 답하여라.

(1) 연속하는 두 짝수 ┌ 작은 수 : x
　　　　　　　　　　 └ 큰 수 : ☐

(2) x에 관한 부등식을 세워라.

> 작은 수의 3배에서 4를 뺀 수는
> 큰 수의 2배 이상이다.

(3) (2)에서 세운 부등식을 풀어라.

(4) 합이 가장 작은 두 짝수를 구하여라.

(5) 두 짝수의 합 중 가장 작은 값을 구하여라.

02 연속하는 세 자연수의 합이 36보다 작을 때, 합이 가장 큰 세 자연수 중 가장 작은 수를 구하려고 한다. 다음 물음에 답하여라.

(1) 연속하는 세 자연수 ┌ 가장 작은 수 : $x-1$
　　　　　　　　　　　├ 중간 수 : x
　　　　　　　　　　　└ 가장 큰 수 : ☐

(2) x에 관한 부등식을 세워라.

> 연속하는 세 자연수의 합이 36보다 작다.

(3) (2)에서 세운 부등식을 풀어라.

(4) 합이 가장 큰 세 자연수를 구하여라.

(5) 합이 가장 큰 세 자연수 중 가장 작은 수를 구하여라.

- 삼각형의 넓이 → $\frac{1}{2}$ × (밑변의 길이) × (높이)

- 삼각형의 세 변의 길이 관계

→ $\left(\begin{array}{c}\text{가장 긴 변의}\\\text{길이}\end{array}\right) < \left(\begin{array}{c}\text{나머지 두 변의}\\\text{길이의 합}\end{array}\right)$

03 밑변의 길이가 6 cm인 삼각형이 있다. 이 삼각형의 넓이가 18 cm² 이상일 때, 높이의 범위를 구하려고 한다. 다음 물음에 답하여라.

(1) 높이를 x cm라 할 때, x에 관한 부등식을 세워라.

> 삼각형의 넓이는 18 cm² 이상이다.

(2) (1)에서 세운 부등식을 풀어라.

(3) 높이의 범위를 구하여라.

04 삼각형의 세 변의 길이가 각각 x cm, $(x+2)$cm, $(x+6)$cm일 때, x의 값 중 가장 작은 자연수를 구하려고 한다. 다음 물음에 답하여라.

(1) 삼각형의 세 변의 길이 관계를 이용하여, x에 관한 부등식을 세워라.

> $\left(\begin{array}{c}\text{가장 긴 변의}\\\text{길이}\end{array}\right) < \left(\begin{array}{c}\text{나머지 두 변의}\\\text{길이의 합}\end{array}\right)$

(2) (1)에서 세운 부등식을 풀어 x의 값 중 가장 작은 자연수를 구하여라.

- 500원짜리 과자와 700원짜리 우유를 합하여 10개를 살 때,

→ 개수 : 과자 x개, 우유 $(10-x)$개

→ 가격 : $500x + 700(10-x)$(원)

05 10000원 이하의 금액으로 한 개에 700원 하는 사과와 한 개에 400원하는 복숭아를 합하여 20개를 사려고 할 때, 사과는 최대 몇 개까지 살 수 있는지 구하려고 한다. 다음 물음에 답하여라.

(1) ┌ 700원짜리 사과 : x개 ➡ 가격 : $700x$원
　　└ 400원짜리 복숭아 : $(20-x)$개

　　　➡ 가격 : [　　　　] 원

(2) 가격의 관계를 이용하여 x에 관한 부등식을 세워라.

(3) (2)에서 세운 부등식을 풀어라.

(4) 사과는 최대 몇 개까지 살 수 있는지 구하여라.

06 한 송이에 600원 하는 장미와 800원 하는 백합을 섞어서 10송이로 구성된 꽃다발을 포장비 500원을 포함하여 8000원 이하로 만들려고 한다. 백합을 최대 몇 송이까지 넣을 수 있는지 구하려고 할 때, 다음 물음에 답하여라.

(1) ┌ 800원짜리 백합 : x개 ➡ 가격 : [　　] 원
　　└ 600원짜리 장미 : [　　] 개

　　　➡ 가격 : [　　　　] 원

(2) 가격의 관계를 이용하여 x에 관한 부등식을 세워라.

(3) 백합은 최대 몇 송이까지 넣을 수 있는지 구하여라.

- 두 수 x, y의 평균 → $\dfrac{x+y}{2}$

- 세 수 x, y, z의 평균 → $\dfrac{x+y+z}{3}$

07 솔별이는 4월, 6월 영어 듣기 평가에서 각각 13 개, 20개를 맞혔다. 9월 영어 듣기 평가에서 몇 개 이상을 맞히면 세 번 치른 영어 듣기 평가의 평균이 18개 이상이 되는지 구하려고 한다. 다음 물음에 답하여라.

(1) 9월 영어 듣기 평가에서 x개를 맞힌다고 할 때, x에 관한 부등식을 세워라.

> 세 번 치른 영어 듣기 평가의 평균이 18개 이상

(2) (1)에서 세운 부등식을 풀어라.

(3) 몇 개 이상을 맞히면 되는지 구하여라.

08 나연이는 세 번의 수학 시험에서 91점, 88점, 95점을 받았다. 네 번 치른 수학 시험의 평균이 90점 이상이 되려면 네 번째 수학 시험에서 몇 점 이상을 받아야 하는지 구하려고 한다. 다음 물음에 답하여라.

(1) 네 번째 치른 수학 시험의 점수를 x점이라 할 때, x에 관한 부등식을 세워라.

> 네 번 치른 수학 시험의 평균이 90점 이상

(2) (1)에서 세운 부등식을 풀어 몇 점 이상을 받아야 하는지 구하여라.

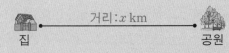

집 ━━━ 거리: x km ━━━ 공원

- 갈 때 속력 : 시속 4 km → 시간 : $\dfrac{x}{4}$

- 올 때 속력 : 시속 3 km → 시간 : $\dfrac{x}{3}$

- 왕복 시간 : $\dfrac{x}{4}+\dfrac{x}{3}$

09 집에서 출발하여 공원을 산책하려고 한다. 갈 때는 시속 3 km로, 올 때는 같은 길을 시속 2 km 로 걸어서 3시간 내에 돌아오려고 할 때, 집에서 최대 몇 km 떨어진 곳까지 갔다 올 수 있는지 구하려고 한다. 다음 물음에 답하여라.

(1) 산책할 수 있는 거리를 x km라 할 때, 시간 의 관계를 이용하여 x에 관한 부등식을 세 워라.

(2) (1)에서 세운 부등식을 풀어라.

(3) 집에서 최대 몇 km 떨어진 곳까지 갔다 올 수 있는지 구하여라.

10 기차가 출발하기 전까지 1시간의 여유가 있어서 그 시간 동안 상점에 가서 기념품을 사 오려고 한다. 걷는 속력은 시속 3 km이고, 상점에서 기념품을 사는 데 20분이 걸린다면 역에서 몇 km 이내에 있는 상점을 이용해야 하는지 구하려고 한다. 다음 물음에 답하여라.

(1) 역에서 상점까지의 거리를 x km라 할 때, 시간의 관계를 이용하여 x에 관한 부등식을 세워라.

(2) (1)에서 세운 부등식을 풀어 역에서 몇 km 이 내에 있는 상점을 이용해야 하는지 구하여라.

11 기차가 출발하기 전까지 40분의 여유가 있어서 그 시간 동안 상점에서 물건을 사 오려고 한다. 물건을 사는데 10분이 걸리고 시속 2 km로 걷는다면 역에서 몇 km 이내의 상점을 이용해야 하는지 구하려고 한다. 물음에 답하여라.

(1) 역에서 상점까지의 거리가 x km라 할 때, 시간의 관계를 이용하여 x에 관한 부등식을 세워라.

(2) (1)에서 세운 부등식을 풀어 역에서 몇 km 이내에 있는 상점을 이용해야 하는지 구하여라.

12 등산을 하는데 올라갈 때에는 시속 2 km로, 내려올 때에는 같은 길을 시속 3 km로 걸어서 등산을 마치는 데 7시간 이하가 걸리도록 하려고 한다. 몇 km까지 올라갔다 내려올 수 있는지 구하려고 할 때, 다음 물음에 답하여라.

(1) x km까지 올라갔다 내려온다고 할 때, 시간의 관계를 이용하여 x에 관한 부등식을 세워라.

(2) (1)에서 세운 부등식을 풀어라.

(3) 몇 km까지 올라갔다 내려올 수 있는지 구하여라.

유형 **거리, 속력, 시간에 관한 문제 (2)**

- (거리)=(속력)×(시간)
- 시속 a km인 자동차와 시속 b km인 자동차의 x시간 후의 거리의 차 → $ax-bx$ (단, $a>b$)

13 시속 80 km인 승용차와 시속 50 km인 오토바이가 같은 지점에서 동시에 같은 방향으로 출발하였다. 승용차와 오토바이 사이의 거리가 60 km 이상일 때는 출발한 지 몇 시간 후부터인지 구하려고 할 때, 다음 물음에 답하여라.

(1) 출발한 지 x시간 후에 승용차와 오토바이 사이의 거리가 60 km 이상일 때, x에 관한 부등식을 세워라.

(2) (1)에서 세운 부등식을 풀어라.

(3) 출발한 지 몇 시간 후인지 구하여라.

14 시속 100 km인 승용차와 시속 60 km인 버스가 같은 지점에서 동시에 같은 방향으로 출발하였다. 승용차와 버스 사이의 거리가 100 km 이상일 때는 출발한 지 몇 시간 후부터인지 구하려고 할 때, 다음 물음에 답하여라.

(1) 출발한 지 x시간 후에 승용차와 버스 사이의 거리가 100 km 이상 일 때, x에 관한 부등식을 세워라.

(2) (1)에서 세운 부등식을 풀어라.

(3) 출발한 지 몇 시간 후인지 구하여라.

• 공책 x권을 살 때, 문구점보다 할인점에서 사는 것이 더 유리한 경우

$$\rightarrow \left(\begin{array}{c} \text{문구점} \\ \text{1권의 가격} \end{array} \right) \times x$$

$$\blacktriangleright \left(\begin{array}{c} \text{할인점} \\ \text{1권의 가격} \end{array} \right) \times x + \left(\begin{array}{c} \text{왕복} \\ \text{교통비} \end{array} \right)$$

15 볼펜 한 자루의 가격이 문구점에서는 500원이고, 할인점에서는 350원이라 한다. 할인점까지 다녀오는 왕복 교통비가 1500원일 때, 할인점에서 몇 자루 이상의 볼펜을 사는 것이 유리한지 구하려고 한다. 다음 물음에 답하여라.

(1) 볼펜을 x자루 산다고 할 때, 문구점에서 산 가격과 할인점에서 산 가격을 각각 구하여라.

(2) 가격의 관계를 이용하여 x에 관한 부등식을 세워 풀어라.

(3) 볼펜을 몇 자루 이상을 살 경우 할인점에서 사는 것이 유리한지 구하여라.

16 공책 한 권의 가격이 문구점에서는 1000원이고, 할인점에서는 600원이라 한다. 할인점까지 다녀오는 왕복 교통비가 2000원일 때, 할인점에서 몇 권 이상의 공책을 사는 것이 유리한지 구하려고 한다. 다음 물음에 답하여라.

(1) 공책을 x권 산다고 할 때, 문구점에서 산 가격과 할인점에서 산 가격을 각각 구하여라.

(2) 가격의 관계를 이용하여 x에 관한 부등식을 세워 풀어라.

(3) 공책을 몇 권 이상을 살 경우 할인점에서 사는 것이 유리한지 구하여라.

17 포스트잇 한 개의 가격이 문구점에서는 1400원이고, 할인점에서는 1200원이라 한다. 할인점까지 다녀오는 왕복 교통비가 1500원일 때, 할인점에서 몇 개 이상의 포스트잇을 사는 것이 유리한지 구하려고 한다. 다음 물음에 답하여라.

(1) 포스트잇을 x개 산다고 할 때, 문구점에서 산 가격과 할인점에서 산 가격을 각각 구하여라.

(2) 가격의 관계를 이용하여 x에 관한 부등식을 세워 풀어라.

(3) 포스트잇을 몇 개 이상을 살 경우 할인점에서 사는 것이 유리한지 구하여라.

18 집 앞 꽃집에서 한송이에 1100원인 장미가 도매시장에 가면 한송이에 900원이라고 한다. 도매시장을 다녀오는 데 왕복 교통비가 2000원이 든다고 할 때, 장미를 몇 송이 이상 사는 경우에 도매시장에 다녀오는게 더 유리한지 구하려고 한다. 다음 물음에 답하여라.

(1) 장미를 x송이 산다고 할 때, 집 앞 꽃집에서 산 가격과 도매 시장에서 산 가격을 각각 구하여라.

(2) 가격의 관계를 이용하여 x에 대한 부등식을 세워 풀어라.

(3) 장미를 몇 송이 이상 살 경우 도매시장에서 사는 것이 유리한지 구하여라.

유형 농도에 관한 문제

물 90 g에 소금 10 g을 녹인 소금물에 대하여

(1) (소금물의 농도) $= \dfrac{(소금의 양)}{(소금물의 양)} \times 100(\%)$

$\rightarrow \dfrac{10}{90+10} \times 100 = 10(\%)$

(2) 소금을 더 넣는 경우에는 소금의 양과 소금물의 양이 모두 증가한다.

【예】 소금 20 g을 더 넣으면

$\rightarrow \dfrac{10+20}{100+20} \times 100 = \dfrac{30}{120} \times 100 = 25(\%)$

(3) 물을 더 넣거나 물을 증발시키면, 소금의 양은 변하지 않고 소금물의 양만 증가 또는 감소한다.

【예】 물 100 g을 더 넣으면

$\rightarrow \dfrac{10}{100+100} \times 100 = \dfrac{10}{200} \times 100 = 5(\%)$

19 5 %의 소금물 200 g에 물을 더 넣어 농도가 4 % 이하가 되게 하려고 한다. 다음 물음에 답하여라.

(1) 소금의 양은 변하는가?　　　(예, 아니오)

(2) 더 넣을 물의 양을 x g이라고 할 때, 다음 빈 칸에 알맞은 것을 써 넣어라.

	처음 소금물	나중 소금물
농도	5 %	4 %
소금물의 양(g)	200	
소금의 양(g)		

(3) 소금물의 농도의 관계를 이용하여 더 넣을 물의 양을 부등식을 세워 풀어라.

(4) 물을 최소 몇 g 더 넣어야하는지 구하여라.

20 16 %의 소금물 500 g에 소금 몇 g을 더 넣어 20 % 이상의 소금물을 만들려고 한다. 다음 물음에 답하여라.

(1) 소금의 양은 변하는가?　　　(예, 아니오)

(2) 더 넣을 소금의 양을 x g이라고 할 때, 다음 빈 칸에 알맞은 것을 써 넣어라.

	처음 소금물	나중 소금물
농도	16 %	20 %
소금물의 양(g)	500	
소금의 양(g)		

(3) 소금의 양 관계를 이용하여 더 넣을 소금의 양을 부등식을 세워 풀어라.

(4) 소금을 최소 몇 g 더 넣어야 하는지 구하여라.

도전! 100점

21 5 %의 소금물 100 g에 8 % 소금물을 섞어서 6 % 이상의 소금물을 만들려고 할 때 섞어야 할 8 %의 소금물의 양은 최소 몇 g인가?

① 25 g　　② 50 g　　③ 100 g
④ 150 g　　⑤ 200 g

개념 01

01 다음 중 부등식인 것에는 ◯표, 부등식이 아닌 것에는 ✕표 하여라.

(1) $3+6=9$ (   )

(2) $\dfrac{1}{2}x+1>0$ (   )

(3) $4x=2-6x$ (   )

(4) $3x+2\leq5x$ (   )

(5) $5x+1>2x+3x$ (   )

개념 01

02 다음 문장을 부등식으로 나타내어라.

(1) x의 6배에 2를 더한 값은 x의 4배에서 8을 뺀 값보다 크거나 같다.

(2) x에 2를 더한 수의 3배는 x의 2배 이상이다.

(3) 무게가 x kg인 상자에 3 kg의 물건을 2개 담았더니 전체 무게가 10 kg 보다 적었다.

(4) 500 원짜리 연필 5자루와 800 원짜리 공책 x권의 가격은 4000원 이상이다.

(5) 형의 나이 x 살에 동생의 나이 7살을 더하면 25살보다 많다.

개념 01

03 x의 값이 -2, -1, 0, 1, 2일 때, 다음 부등식의 해를 구하여라.

(1) $4x-2\geq6$

(2) $-2x+8>8$

(3) $6x-5\leq1$

(4) $x+1>2x-5$

(5) $3x+2<2x+1$

개념 02

04 다음 ☐ 안에 알맞은 부등호를 써넣어라.

(1) $a-5\leq b-5$이면 a ☐ b이다.

(2) $2a+3<2b+3$이면 a ☐ b이다.

(3) $-2a-7\leq-2b-7$이면 a ☐ b이다.

(4) $-2a-7\leq-2b-7$이면 a ☐ b이다.

(5) $5a-3\geq5b-3$이면 a ☐ b이다.

(6) $3-\dfrac{a}{3}>3-\dfrac{b}{3}$이면 a ☐ b이다.

개념 02

05 부등식의 성질을 이용하여 다음 식의 값의 범위를 구하여라.

(1) $x \geq 1$일 때, $2x$의 값의 범위

(2) $x > 1$일 때, $1-3x$의 값의 범위

(3) $x < -1$일 때, $4x$의 값의 범위

(4) $x \leq -1$일 때, $-3x+1$의 값의 범위

(5) $x > 2$일 때, $\dfrac{1}{2}x+1$의 값의 범위

(6) $x \geq 2$일 때, $-2x-2$의 값의 범위

(7) $x < -3$일 때, $\dfrac{1}{4}x+\dfrac{3}{4}$의 값의 범위

개념 03

06 다음 중 일차부등식인 것에는 ○표, 일차부등식이 아닌 것에는 ×표 하여라.

(1) $7x-1 < 10$ (　　　)

(2) $-x+8 \leq 1-x$ (　　　)

(3) $2x+1 < 2(x-1)$ (　　　)

(4) $3x-2 \geq x+5$ (　　　)

(5) $-2x < 2x-1$ (　　　)

개념 03

07 다음 일차부등식을 풀고, 그 해를 오른쪽 수직선 위에 나타내어라.

(1) $1-3x > 5-7x$

(2) $-2x+4 < -x+1$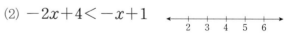

(3) $x-2 \geq 2x-1$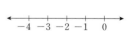

(4) $2x-3 \leq 5x-6$

08 다음 일차부등식을 풀어라.

(1) $3(2x-1)>6-(1-4x)$

(2) $5x\geq-(3-7x)-5$

(3) $-2(x+8)\leq3(x-2)$

(4) $8x-4(x-3)\leq16$

(5) $2(1-x)\geq10-6x$

(6) $-5>1+2(2-x)$

(7) $2(x+3)<3(x+4)+5x$

09 다음 일차부등식을 풀어라.

(1) $0.5x+7.5\geq3$

(2) $0.5x-1.1<0.1x+0.9$

(3) $\dfrac{1}{2}+x>\dfrac{x-1}{4}$

(4) $\dfrac{3}{2}-\dfrac{x-1}{4}\leq x+\dfrac{1}{2}$

(5) $\dfrac{3}{2}x+1\geq\dfrac{4}{3}x+2$

10 다음 일차부등식을 풀어라.

(1) $\dfrac{1}{2}(7x+3)<1.3(2x-3)$

(2) $0.3x+1\leq\dfrac{1}{5}(2x-1)$

(3) $0.5\left(-2x-\dfrac{4}{5}\right)\geq\dfrac{3}{2}(0.4-x)$

(4) $-0.3(2x-2)\geq\dfrac{1}{5}(5x-5)$

11 다음을 구하여라.

(1) 일차부등식 $5x-a\leq 2x$의 해가 $x\leq 5$일 때, 상수 a의 값

(2) 일차부등식 $ax+7\geq -1$의 해가 $x\geq -2$일 때, 상수 a의 값

(3) 일차부등식 $2(x-1)\leq x+a$의 해가 $x\leq -3$일 때, 상수 a의 값

(4) 두 일차부등식 $x-1<0.5(x-5)$, $ax>6$의 해가 같을 때, 상수 a의 값

(5) 두 일차부등식 $\dfrac{3}{4}x-4\leq \dfrac{3}{2}x-1$, $x-a\leq 2x+1$의 해가 같을 때, 상수 a의 값

12 한 개에 500원 하는 사탕과 한 개에 150원 하는 상자가 있다. 상자를 4개 구입하고, 총 금액이 8000원을 넘지 않게 하려면 사탕을 최대 몇 개까지 살 수 있는지 구하려고 한다. 다음 물음에 답하여라.

(1) 사탕의 개수를 x개라 할 때, x에 관한 부등식을 세워 풀어라.

(2) 사탕을 최대 몇 개까지 살 수 있는지 구하여라.

13 윗변의 길이가 $6\,\text{cm}$, 높이가 $4\,\text{cm}$인 사다리꼴의 넓이가 $36\,\text{cm}^2$ 이상일 때, 아랫변의 길이의 범위를 구하려고 한다. 다음 물음에 답하여라.

(1) 사다리꼴의 아랫변의 길이를 $x\,\text{cm}$라 할 때, x에 관한 부등식을 세워 풀어라.

(2) 사다리꼴의 아랫변의 길이의 범위를 구하여라.

14 수영이는 세 번의 수학 시험에서 각각 86점, 91점, x점을 받았다. 세 번째까지의 평균 점수가 90점 이상이 되게 하려면 세 번째 시험에서 몇 점 이상을 받아야 하는지 구하려고 한다. 다음 물음에 답하여라.

(1) 세 번째 시험 점수를 x점이라 할 때, x에 관한 부등식을 세워 풀어라.

(2) 세 번째 시험 점수는 최소 몇 점을 받아야 하는지 구하여라.

(1) 미지수가 2개이고, 그 차수가 모두 1인 방정식을 **미지수가 2개인 일차방정식**이라고 한다.

(2) 두 미지수 x, y에 관한 일차방정식은

$$ax+by+c=0 \ (단,\ a,\ b,\ c는\ 상수,\ a\neq0,\ b\neq0)$$

의 꼴로 나타낼 수 있다.

예 다음 일차방정식을 $ax+by+c=0$의 꼴로 나타내면

$$2x+y=-3 \Rightarrow 2x+y+\boxed{}=0$$

유형 미지수가 2개인 일차방정식 찾기

• $2x+y=5 \xrightarrow[\text{차수가 1}]{x,\ y의}$ 미지수가 2개인 일차방정식

미지수 2개

01 다음 식 중에서 미지수가 2개인 일차방정식인 것에는 ○표, 아닌 것에는 ×표 하여라.

(1) $x-y=0$ ( )

(2) $4x-\dfrac{1}{2}y=0$ ( )

(3) $2y=\dfrac{3}{2}x-1$ ( )

(4) $\dfrac{x}{3}+\dfrac{y}{2}=5$ ( )

(5) $xy+y=2x-4$ ( )

(6) $xy+1=6$ ( )

(7) $x(y-1)=xy+y$ ( )

유형 $ax+by+c=0$으로 표현하기

• $3x=2y-1 \xrightarrow{\text{이항}} \begin{array}{c} ax+by+c=0 \\ 3x-2y+1=0 \end{array}$

$\therefore a=3,\ b=-2,\ c=1$

02 다음 방정식을 $ax+by+c=0$의 꼴로 나타낼 때, 상수 a, b, c의 값을 각각 구하여라. (단, $a>0$)

(1) $x=-2y+1$

(2) $3x=4y-2$

(3) $3x-2y=2x+y$

(4) $2x+y=x+3y-1$

(5) $y=2x+3$

(6) $7x-y=3(x-y)$

(7) $4(x-y)=3x-2y+6$

유형 미지수가 2개인 일차방정식의 조건

$$\bullet \ ax+2y-1=2x+by+1$$
$$\xrightarrow{ax+by+c=0} \ ax-2x+2y-by-1-1=0$$
$$\xrightarrow{동류항} \ \underset{\neq 0}{(a-2)}x+\underset{\neq 0}{(2-b)}y-2=0$$
$$\therefore \ a\neq 2, \ b\neq 2$$

03 다음 등식이 미지수가 2개인 일차방정식이 되기 위한 상수 a, b의 조건을 각각 구하여라.

(1) $ax-2y=x+1$

(2) $3x-by=5+4y$

(3) $ax+3y+2=2x+by+3$

(4) $2ax-3by+1=x+y-2$

(5) $5x-6by-3=2ax-3y+5$

(6) $(a-2)x+5y+8=2x+by-2$

(7) $6x+(3-b)y-3=5ax+2y-1$

유형 미지수가 2개인 일차방정식 세우기

$$\bullet \ 500원짜리 \ 사과 \ x개와 \ \rightarrow 500x(원)$$
$$300원짜리 \ 귤 \ y개를 \ 사면 \ \rightarrow 300y(원)$$
$$그 \ 값이 \ 2100원이다. \ \rightarrow 500x+300y=2100$$

04 다음 문장을 읽고, 미지수가 2개인 일차방정식 으로 나타내어라.

(1) 솔별이의 나이 x살과 우겸이의 나이 y살의 합은 28살이다.

(2) x의 3배와 y의 2배의 합은 60이다.

(3) 1000원짜리 과자 x개와 1500원짜리 과자 y 개를 샀더니 20000원이었다.

(4) 고양이 x마리의 다리와 병아리 y마리의 다리 수의 합은 40개이다.

도전! 100점

05 다음 중 두 미지수 x, y에 관한 일차방정식이 아닌 것은?

① $x=2y-5$ ② $3x-2y=0$

③ $y=xy+x-1$ ④ $\dfrac{x}{3}-\dfrac{y}{4}=5$

⑤ $x-4y+7=0$

(1) 미지수가 x, y인 일차방정식을 참이 되게 하는 x, y의 값 또는 그 순서쌍 (x, y)를 이 **일차방정식의 해**라고 한다.

(2) x, y가 자연수일 때, 일차방정식의 해는 $x=1$, 2, 3, $\cdots$을 차례로 대입하여 y의 값이 자연수가 되는 **순서쌍 (x, y)**를 찾는다.

예 일차방정식 $x+y=6$에 $x=1$, 2, 3, $\cdots$을 차례로 대입하여 y의 값을 구하면 다음 표와 같다.

x	1	2	3	4	5
y	5	4	3	2	1

따라서 x, y가 자연수일 때, 일차방정식 $x+y=6$의 해는

$x=1, y=5$,　$x=2, y=4$,　$x=3, y=3$,　$x=4, y=\boxed{}$,　$x=5, y=1$

또는 $(1, 5)$, $(2, 4)$, $(3, 3)$, $(4, 2)$, $(5, \boxed{})$

유형 미지수가 2개인 일차방정식의 해

$\cdot\ 5x-2y=1 \xrightarrow[\text{대입}]{x=1,\ y=2} 5\times1-2\times2=1$

$\therefore (1, 2)$는 $5x-2y=1$의 해

$\cdot\ 5x-2y=1 \xrightarrow[\text{대입}]{x=2,\ y=1} 5\times2-2\times1\neq1$

$\therefore (2, 1)$은 $5x-2y=1$의 해가 아니다.

01 다음 중 일차방정식 $3x+y=10$의 해인 것에는 ○표, 아닌 것에는 ×표 하여라.

(1) $(-1, 13)$　　　　　　　(　　)

(2) $(-1, 7)$　　　　　　　(　　)

(3) $(2, 4)$　　　　　　　(　　)

(4) $(-4, -2)$　　　　　　(　　)

02 다음 중 일차방정식 $-2x+y=8$의 해인 것에는 ○표, 아닌 것에는 ×표 하여라.

(1) $(1, 8)$　　　　　　　(　　)

(2) $(-4, 0)$　　　　　　　(　　)

(3) $(-2, 4)$　　　　　　　(　　)

03 다음 일차방정식 중 순서쌍 $(2, 3)$을 해로 갖는 것에는 ○표, 아닌 것에는 ×표 하여라.

(1) $3x+2y=12$　　　　　　(　　)

(2) $2x-4y=-2$　　　　　　(　　)

(3) $\dfrac{x}{2}+\dfrac{y}{3}=2$　　　　　　(　　)

• $2x+y=10$

x	1	2	3	4	5	⋯
y	8	6	4	2	0	⋯

↑→ 자연수가 아니다.

➡ 해 : $(1, 8)$, $(2, 6)$, $(3, 4)$, $(4, 2)$

04 x, y가 자연수일 때, 다음 표를 완성하여 일차방정식의 해를 구하여라.

(1) $2x+y=12$

x	1	2	3	4	5	6
y						

➡ 해 :

(2) $3x+2y=15$

x	1	2	3	4	5	6
y						

➡ 해 :

• $ax-3y=-13$의 한 해가 $(1, 5)$일 때,

$ax-3y=-13$ $\xrightarrow[\text{대입}]{x=1,\ y=5}$ $a \times 1 - 3 \times 5 = -13$

$\therefore a=2$

05 다음 일차방정식에서 주어진 순서쌍이 그 일차방정식의 해일 때, 상수 a의 값을 구하여라.

(1) $ax-y=3$ $(1, -1)$

(2) $5x+ay=-5$ $(1, 5)$

(3) $3x-ay=9$ $(-2, -3)$

• $x+2y=5$의 한 해가 $(1, a)$일 때,

$x+2y=5$ $\xrightarrow[\text{대입}]{x=1,\ y=a}$ $1+2 \times a = 5$

$\therefore a=2$

06 다음 일차방정식에서 주어진 순서쌍이 그 일차방정식의 해일 때, 상수 a의 값을 구하여라.

(1) $4x+3y=5$ $(a, -1)$

(2) $2x+3y=17$ $(-2, a)$

(3) $3x-y=5$ $(1, a)$

(4) $2x-5y=4$ $(a, -2)$

(5) $-3x-y=-6$ $(1, a)$

(6) $-5x-3y=2$ $(a, 1)$

도전! 100점

07 다음 중 일차방정식 $4x-3y=8$의 해가 **아닌** 것은?

① $(-1, -4)$ ② $\left(1, -\dfrac{4}{3}\right)$

③ $\left(\dfrac{1}{4}, -\dfrac{7}{3}\right)$ ④ $\left(8, -\dfrac{1}{3}\right)$

⑤ $\left(\dfrac{5}{4}, -1\right)$

미지수가 2개인 연립일차방정식과 그 해

(1) **연립방정식** : 두 개 이상의 방정식을 한 쌍으로 묶어서 나타낸 것 예 $\begin{cases} x+y=5 \\ 2x-y=3 \end{cases}$

(2) 두 일차방정식을 **동시에** 성립시키는 x, y의 값 또는 그 순서쌍 (x, y)를 이 **연립방정식의 해**라고 한다.

 예 x, y가 자연수일 때, 연립방정식 $\begin{cases} 2x-y=1 & \cdots\cdots ① \\ x+y=2 & \cdots\cdots ② \end{cases}$

① $2x-y=1$

x	1	2	3	4
y	1	3	5	7

② $x+y=2$

x	1	2	3	4
y	1	0	-1	-2

따라서 연립방정식 $\begin{cases} 2x-y=1 \\ x+y=2 \end{cases}$ 의 해는 $x=1$, $y=\boxed{}$ 또는 $(\boxed{}, \boxed{})$

유형 대응표를 이용하여 연립방정식의 해 구하기

• x, y가 자연수일 때, $\begin{cases} x+y=4 & \cdots\cdots ① \\ x-y=-2 & \cdots\cdots ② \end{cases}$ 의 해

① $x+y=4$

x	1	2	3
y	3	2	1

② $x-y=-2$

x	1	2	3	4	…
y	3	4	5	6	…

→ 연립방정식의 해 : $x=1$, $y=3$

01 x, y가 자연수일 때, 다음 표를 완성하여 연립방정식의 해를 구하여라.

(1) $\begin{cases} x+y=5 & \cdots\cdots ① \\ 2x+y=9 & \cdots\cdots ② \end{cases}$

① $x+y=5$

x	1	2	3	4	5
y					

② $2x+y=9$

x	1	2	3	4	5
y					

(2) $\begin{cases} x+y=6 & \cdots\cdots ① \\ x+2y=7 & \cdots\cdots ② \end{cases}$

① $x+y=6$

x	1	2	3	4	5
y					

② $x+2y=7$

x	1	2	3	4	5
y					

(3) $\begin{cases} x-y=-4 & \cdots\cdots ① \\ 3x+y=8 & \cdots\cdots ② \end{cases}$

① $x-y=-4$

x	1	2	3	4	5
y					

② $3x+y=8$

x	1	2	3	4	5
y					

연립방정식의 해

- 순서쌍 $(2, 5)$

$$\begin{cases} x+y=7 \\ 2x+y=9 \end{cases} \xrightarrow[\text{대입}]{x=2,\ y=5} \begin{cases} 2+5\!=\!7 \\ 2\times2+5\!=\!9 \end{cases}$$

→ $(2, 5)$는 연립방정식의 해

02 다음 순서쌍이 연립방정식의 해이면 ○표, 해가 아니면 ×표 하여라.

(1) $\begin{cases} x+y=6 \\ 2x+y=7 \end{cases}$　순서쌍 $(1, 5)$　(　　)

(2) $\begin{cases} 3x-2y=5 \\ x+2y=3 \end{cases}$　순서쌍 $\left(4, \dfrac{1}{2}\right)$　(　　)

(3) $\begin{cases} 2x+y=6 \\ 3x-y=9 \end{cases}$　순서쌍 $(3, 0)$　(　　)

(4) $\begin{cases} 4x+y=13 \\ 3x-2y=-4 \end{cases}$　순서쌍 $(2, 1)$　(　　)

유형 **연립방정식의 해가 주어질 때, 미지수의 값 구하기**

- 연립방정식의 해가 $(3, 6)$일 때, 상수 a, b는

$$\begin{cases} x+ay=15 \\ 3x-y=b \end{cases} \xrightarrow[\text{대입}]{x=3,\ y=6} \begin{cases} 3+6a=15 & \therefore\ a=2 \\ 9-6=b & \therefore\ b=3 \end{cases}$$

03 다음과 같이 연립방정식과 그 해가 주어졌을 때, 상수 a, b의 값을 각각 구하여라.

(1) $\begin{cases} 2x+y=b \\ ax+2y=8 \end{cases}$　해 : $(4, 2)$

(2) $\begin{cases} ax+3y=7 \\ 3x+by=13 \end{cases}$　해 : $(5, -1)$

(3) $\begin{cases} 5x+ay=10 \\ bx-2y=36 \end{cases}$　해 : $(4, -2)$

(4) $\begin{cases} 3x-ay=5 \\ x+by-2=0 \end{cases}$　해 : $(2, 3)$

(5) $\begin{cases} 3x-4y=-9 \\ 5x+by=-4 \end{cases}$　해 : $(1, a)$

(6) $\begin{cases} 2x+y=4 \\ x-y=a \end{cases}$　해 : $(b, 2)$

(7) $\begin{cases} x-2y=b \\ 2x+3y=-1 \end{cases}$　해 : $(a, -1)$

도전! 100점

04 x, y가 자연수일 때, 연립방정식 $\begin{cases} x+3y=7 \\ 2x+y=9 \end{cases}$의 해는?

① $(1, 7)$　　② $(2, 5)$　　③ $(1, 2)$

④ $(4, 1)$　　⑤ $(3, 3)$

두 식의 합 또는 차를 이용한 연립방정식의 풀이

(1) 없앨 미지수의 계수의 절댓값이 같도록 두 식의 양변에 적당한 수를 곱한다.

(2) 없앨 미지수의 계수의 부호가 같으면 빼고, 다르면 더하여 **한 미지수를 없앤 후** 방정식을 푼다.

(3) (2)에서 구한 해를 간단한 일차방정식에 대입하여 다른 미지수의 값을 구한다.

예 $\begin{cases} 3x+y=8 & \cdots\cdots ① \\ x+2y=6 & \cdots\cdots ② \end{cases}$ $\xrightarrow{①\times 2-②}$ $\begin{array}{r} 6x+2y=16 \\ -)\ \ x+2y=\ \ 6 \\ \hline 5x\qquad =10 \end{array}$ y를 소거 $\quad \therefore\ x=2$

$x=2$를 ②에 대입하면 $2+2y=6$ $\quad \therefore\ y=\boxed{}$

유형 미지수의 소거

• x 소거 : x의 계수의 절댓값 같게

$\begin{cases} x+y=1 & \cdots\cdots ① \\ 2x-3y=5 & \cdots\cdots ② \end{cases}$ $\xrightarrow{①\times 2}$ $\begin{cases} 2x+2y=2 \\ 2x-3y=5 \end{cases}$

• y 소거 : y의 계수의 절댓값 같게

$\begin{cases} x+2y=9 & \cdots\cdots ① \\ 3x+y=5 & \cdots\cdots ② \end{cases}$ $\xrightarrow{②\times 2}$ $\begin{cases} x+2y=9 \\ 6x+2y=10 \end{cases}$

01 다음 연립방정식에서 [ ] 안의 문자를 없애기 위한 간단한 연립방정식으로 나타내어라.

(1) $\begin{cases} x-2y=1 \\ 2x+3y=5 \end{cases}$ [x]

(2) $\begin{cases} 5x-y=3 \\ -x+3y=8 \end{cases}$ [y]

(3) $\begin{cases} x-y=7 \\ 2x+y=5 \end{cases}$ [x]

(4) $\begin{cases} 9x+2y=10 \\ -4x+3y=-20 \end{cases}$ [y]

유형 두 식의 합 또는 차를 이용한 풀이(1)

• $\begin{cases} 2x-3y=5 & \cdots\cdots ① \\ -x+3y=2 & \cdots\cdots ② \end{cases}$ $\xrightarrow{①+②}$ $\begin{array}{r} 2x-3y=5 \\ +)\ -x+3y=2 \\ \hline \therefore\ \ x\qquad =7 \end{array}$

$\xrightarrow[②에 대입]{x=7을}$ $-7+3y=2$ $\quad \therefore\ y=3$ $\longrightarrow$ $x=7,\ y=3$

02 다음 연립방정식을 두 식의 합 또는 차를 이용하여 풀어라.

(1) $\begin{cases} x-y=6 \\ x+y=14 \end{cases}$

(2) $\begin{cases} x+y=-3 \\ -x+y=7 \end{cases}$

(3) $\begin{cases} 3x+y=4 \\ 2x+y=6 \end{cases}$

(4) $\begin{cases} x-2y=-3 \\ -x+4y=9 \end{cases}$

$$\begin{cases} 3x-y=4 & \cdots\cdots ① \\ 5x-3y=4 & \cdots\cdots ② \end{cases} \xrightarrow{①×3-②} \begin{array}{r} 9x-3y=12 \\ -)\underline{5x-3y=4} \\ 4x=8 \\ \therefore\ x=2 \end{array}$$

$$\xrightarrow[①에\ 대입]{x=2를}\ 3×2-y=4 \qquad \therefore\ y=2$$

$$\rightarrow\ x=2,\ y=2$$

03 다음 연립방정식을 두 식의 합 또는 차를 이용하여 풀어라.

(1) $\begin{cases} 2x-y=4 \\ 3x+2y=6 \end{cases}$

(2) $\begin{cases} 3x+2y=11 \\ 5x-4y=-11 \end{cases}$

(3) $\begin{cases} 4x-2y=8 \\ 3x+4y=17 \end{cases}$

(4) $\begin{cases} x-2y=10 \\ 4x+7y=25 \end{cases}$

(5) $\begin{cases} 5x-2y=-1 \\ 2x-y=0 \end{cases}$

(6) $\begin{cases} 2x+y=4 \\ x+3y=7 \end{cases}$

$$\begin{cases} 2x+3y=3 & \cdots\cdots ① \\ 3x-2y=11 & \cdots\cdots ② \end{cases} \xrightarrow[-②×2]{①×3} \begin{array}{r} 6x+9y=9 \\ -)\underline{6x-4y=22} \\ 13y=-13 \\ \therefore\ y=-1 \end{array}$$

$$\xrightarrow[①에\ 대입]{y=-1을}\ 2x+3×(-1)=3 \qquad \therefore\ x=3$$

$$\rightarrow\ x=3,\ y=-1$$

04 다음 연립방정식을 두 식의 합 또는 차를 이용하여 풀어라.

(1) $\begin{cases} 2x+5y=-1 \\ -3x+7y=16 \end{cases}$

(2) $\begin{cases} 2x+7y=3 \\ -5x-4y=6 \end{cases}$

(3) $\begin{cases} 3x+4y=11 \\ 2x+3y=8 \end{cases}$

(4) $\begin{cases} 2x+5y=8 \\ 3x-4y=-11 \end{cases}$

(5) $\begin{cases} 4x+5y=-3 \\ 3x+7y=1 \end{cases}$

도전! 100점

05 연립방정식 $\begin{cases} 4x+3y=7 \\ 5x-2y=3 \end{cases}$ 을 두 식의 합 또는 차를 이용하여 풀면?

① $x=-1,\ y=-1$ ② $x=1,\ y=-1$

③ $x=-1,\ y=1$ ④ $x=1,\ y=1$

⑤ $x=1,\ y=2$

대입을 이용한 연립방정식의 풀이

(1) 한 일차방정식을 한 미지수에 관하여 푼 후 그것을 다른 방정식에 **대입**한다.

(2) (1)에서 만들어진 일차방정식의 해를 구한다.

(3) (2)에서 구한 해를 한 미지수에 관하여 푼 식에 대입하여 다른 미지수의 값을 구한다.

예 $\begin{cases} 3x+y=8 & \cdots\cdots ① \\ 2x+3y=3 & \cdots\cdots ② \end{cases}$ $\xrightarrow[y=(x에 관한 식)으로]{①을}$ $y=-3x+8 \quad \cdots\cdots ③$

$\xrightarrow[대입]{③을 ②에}$ $2x+3(-3x+8)=3 \quad \therefore x=3$ $\xrightarrow[③에 대입]{x=3을}$ $y=-3\times 3+8 \quad \therefore y=\boxed{}$

유형 식의 대입이 편리한 방정식을 찾아 식 만들기

• $\begin{cases} x=y+2 & \cdots\cdots ① \\ x+2y=5 & \cdots\cdots ② \end{cases}$ $\xrightarrow[대입]{①을 ②에}$ $(y+2)+2y=5$

01 다음 연립방정식에서 식의 대입이 편리한 방정식을 찾아 대입하여라.

(1) $\begin{cases} y=2x \\ -3x+y=-2 \end{cases}$

(2) $\begin{cases} 2x+y=12 \\ y=x-3 \end{cases}$

(3) $\begin{cases} 3x+y=6 \\ y=4-x \end{cases}$

(4) $\begin{cases} x=2y+14 \\ 2x-y=13 \end{cases}$

(5) $\begin{cases} y=2x-1 \\ 3x+2y=12 \end{cases}$

유형 식의 대입을 이용한 풀이(1)

• $\begin{cases} y=2x+1 & \cdots\cdots ① \\ 3x-y=-4 & \cdots\cdots ② \end{cases}$

$\xrightarrow[대입]{①을 ②에}$ $3x-(2x+1)=-4 \quad \therefore x=-3$

$\xrightarrow[①에 대입]{x=-3을}$ $y=2\times(-3)+1 \quad \therefore y=-5$

$\rightarrow x=-3,\ y=-5$

02 다음 연립방정식을 식의 대입을 이용하여 풀어라.

(1) $\begin{cases} x+2y=10 \\ y=x+2 \end{cases}$

(2) $\begin{cases} 3x+y=-5 \\ y=2x+10 \end{cases}$

(3) $\begin{cases} y=-3x \\ 4x-y=-7 \end{cases}$

(4) $\begin{cases} y=x+1 \\ 2x-3y=-4 \end{cases}$

$\begin{cases} x-y=5 & \cdots\cdots ① \\ x-2y=7 & \cdots\cdots ② \end{cases}$ $\xrightarrow[\text{관하여 풀기}]{\text{①을 } x \text{에}}$ $x=y+5$

$\xrightarrow[\text{②에 대입}]{x=y+5 \text{를}}$ $(y+5)-2y=7$ $\therefore y=-2$

$\xrightarrow[x=y+5 \text{에 대입}]{y=-2 \text{를}}$ $x=-2+5$ $\therefore x=3$

$\rightarrow x=3, y=-2$

03 다음 연립방정식을 식의 대입을 이용하여 풀어라.

(1) $\begin{cases} 3x-y=7 \\ x+y=5 \end{cases}$

(2) $\begin{cases} 2x-3y=-17 \\ x+4y=8 \end{cases}$

(3) $\begin{cases} 2x+y=11 \\ 3x-2y=20 \end{cases}$

(4) $\begin{cases} -3x+4y=-13 \\ x+3y=13 \end{cases}$

(5) $\begin{cases} 2x-3y=9 \\ -x+y=-2 \end{cases}$

(6) $\begin{cases} -x+3y=-9 \\ 3x-y=11 \end{cases}$

(7) $\begin{cases} 2x-y=8 \\ 2x-3y=12 \end{cases}$

(8) $\begin{cases} 2x+3y=5 \\ 6x-2y=4 \end{cases}$

$\begin{cases} 3x+4y=1 \\ 2x-y=a-5 \end{cases}$ 의 해가 $-2x+y=3$을 만족할 때,

$\xrightarrow[\text{두 식을 연립}]{\text{미지수가 없는}}$ $\begin{cases} -2x+y=3 \\ 3x+4y=1 \end{cases}$ $\rightarrow x=-1, y=1$

$\xrightarrow[2x-y=a-5 \text{에 대입}]{x=-1, y=1 \text{을}}$ $2\times(-1)-1=a-5$

$\rightarrow a=2$

04 다음 연립방정식을 만족하는 x, y의 값이 $2x+3y=8$을 만족할 때, 상수 a의 값을 구하여라.

(1) $\begin{cases} x+y=a+4 \\ -2x+3y=4 \end{cases}$

(2) $\begin{cases} 3x-y=1 \\ -x-ay=5 \end{cases}$

(3) $\begin{cases} -x+4y=7 \\ ax-5y=-7 \end{cases}$

(4) $\begin{cases} x+2y=5 \\ -x+3y=a-3 \end{cases}$

도전! 100점

05 연립방정식 $\begin{cases} y=2x-1 \\ 3x-2y=-3 \end{cases}$ 을 풀면?

① $x=-2, y=-1$　② $x=5, y=9$

③ $x=-5, y=-6$　④ $x=4, y=-2$

⑤ $x=-1, y=-3$

(1) **괄호가 있을 때** : 분배법칙을 이용하여 괄호를 푼다.

예 $\begin{cases} 5(x+y)-2y=0 \\ 3x-2(x-y)=7 \end{cases}$ $\xrightarrow[\text{동류항끼리 정리}]{\text{괄호를 풀어}}$ $\begin{cases} 5x+3y=0 \\ x+2y=\boxed{} \end{cases}$

(2) **계수가 분수일 때** : 양변에 분모의 최소공배수를 곱하여 정수로 바꾼다.

예 $\begin{cases} \dfrac{x}{2}+\dfrac{y}{3}=1 \\ \dfrac{x}{3}-\dfrac{y}{2}=\dfrac{2}{3} \end{cases}$ $\xrightarrow[\text{6을 곱하기}]{\text{분모의 최소공배수인}}$ $\begin{cases} 3x+\boxed{}y=6 \\ 2x-3y=4 \end{cases}$

(3) **계수가 소수일 때** : 양변에 10, 100, ⋯ 등을 곱하여 정수로 바꾼다.

예 $\begin{cases} 0.2x-0.3y=-1 \\ 0.4x-5y=6.8 \end{cases}$ $\xrightarrow[\text{곱하기}]{\text{양변에 10을}}$ $\begin{cases} 2x-3y=\boxed{} \\ 4x-50y=68 \end{cases}$

유형 **괄호가 있는 연립방정식의 풀이**

· $\begin{cases} 2(x+3)-3y=6 \\ 3x-4(y+1)=-3 \end{cases}$ $\xrightarrow[\text{법칙}]{\text{분배}}$ $\begin{cases} 2x-3y=0 \\ 3x-4y=1 \end{cases}$

$\longrightarrow x=3,\ y=2$

01 주어진 방정식을 $ax+by=c$의 형태로 나타내어라. (단, $a>0$)

(1) $3(x-y)+5y=-1$

(2) $3(x+2)+4(y-1)=6$

(3) $2x-(3x+2y)=4$

(4) $x-2(3x-y)=9$

02 다음 연립방정식을 풀어라.

(1) $\begin{cases} 3(x-y)+5y=2 \\ x+2y=6 \end{cases}$

(2) $\begin{cases} 4(x+y)-3y=-7 \\ x-2y=-4 \end{cases}$

(3) $\begin{cases} 2(x+y)=x-4 \\ x+2(1-y)=5 \end{cases}$

(4) $\begin{cases} 6x+5(y+1)=3 \\ 2(x-2y)+y=4 \end{cases}$

(5) $\begin{cases} 2(x-y)+3y=8 \\ 5x-3(2x-y)=3 \end{cases}$

(6) $\begin{cases} x-(y-3)=6 \\ 2(x-2)-3(y+2)=-2 \end{cases}$

• 양변에 분모의 최소공배수를 곱하기

$$\begin{cases} \dfrac{1}{2}x - \dfrac{1}{3}y = \dfrac{5}{6} & \cdots\cdots ① \\ \dfrac{1}{3}x - \dfrac{1}{4}y = \dfrac{5}{12} & \cdots\cdots ② \end{cases} \xrightarrow[② \times 12]{① \times 6} \begin{cases} 3x - 2y = 5 \\ 4x - 3y = 5 \end{cases}$$

$$\longrightarrow x = 5,\ y = 5$$

03 주어진 방정식을 $ax + by = c$의 형태로 나타내어라. (단, $a > 0$, a, b, c는 정수)

(1) $\dfrac{1}{3}x - \dfrac{1}{2}y = \dfrac{1}{6}$

(2) $-\dfrac{1}{4}x + \dfrac{2}{3}y = 1$

(3) $\dfrac{1}{2}x - \dfrac{1}{3}y = \dfrac{1}{5}$

(4) $-\dfrac{3}{5}x + \dfrac{1}{2}y = \dfrac{1}{6}$

04 다음 연립방정식을 풀어라.

(1) $\begin{cases} \dfrac{1}{2}x + \dfrac{1}{2}y = 7 \\ 4x - y = 6 \end{cases}$

(2) $\begin{cases} \dfrac{1}{3}x - \dfrac{1}{2}y = -2 \\ 2x + 5y = 4 \end{cases}$

(3) $\begin{cases} 5x - 9y = 9 \\ \dfrac{2}{3}x + \dfrac{3}{4}y = \dfrac{1}{3} \end{cases}$

(4) $\begin{cases} \dfrac{1}{3}x + \dfrac{1}{2}y = 2 \\ \dfrac{1}{5}x - \dfrac{1}{4}y = -1 \end{cases}$

(5) $\begin{cases} \dfrac{1}{3}x + \dfrac{1}{2}y = \dfrac{1}{2} \\ \dfrac{1}{4}x + \dfrac{1}{3}y = \dfrac{2}{3} \end{cases}$

(6) $\begin{cases} \dfrac{1}{2}x - \dfrac{1}{5}y = 2 \\ \dfrac{1}{3}x - \dfrac{1}{2}y = \dfrac{41}{6} \end{cases}$

(7) $\begin{cases} \dfrac{1}{2}x - \dfrac{1}{3}y = \dfrac{13}{6} \\ \dfrac{1}{3}x - \dfrac{1}{5}y = \dfrac{14}{15} \end{cases}$

(8) $\begin{cases} -\dfrac{1}{2}x + \dfrac{2}{3}y = -\dfrac{7}{6} \\ \dfrac{1}{3}x - \dfrac{2}{5}y = \dfrac{11}{15} \end{cases}$

(9) $\begin{cases} \dfrac{x-1}{3} = \dfrac{1}{2}y \\ \dfrac{1}{5}x = y + 3 \end{cases}$

(10) $\begin{cases} \dfrac{x-1}{4} + y = 1 \\ \dfrac{x+1}{3} + y = 1 \end{cases}$

• 양변에 10, 100, $\cdots$ 등을 곱하기

$$\begin{cases} 0.1x+0.2y=3 & \cdots\cdots ① \\ 0.02x-0.03y=-0.1 & \cdots\cdots ② \end{cases}$$

$\xrightarrow[②\times 100]{①\times 10}$ $\begin{cases} x+2y=30 \\ 2x-3y=-10 \end{cases}$ $\longrightarrow$ $x=10$, $y=10$

05 주어진 방정식을 $ax+by=c$의 형태로 나타내어라. (단, $a>0$, a, b, c는 정수)

(1) $0.2x-0.3y=1$

(2) $0.3x-0.5y=1.2$

(3) $0.01x+0.04y=0.1$

(4) $0.03x-0.5y=2$

06 다음 연립방정식을 풀어라.

(1) $\begin{cases} 2x+y=12 \\ 0.1x-0.2y=0.1 \end{cases}$

(2) $\begin{cases} 0.2x-0.3y=-0.3 \\ 3x+2y=15 \end{cases}$

(3) $\begin{cases} 0.2x-0.1y=-0.5 \\ 3x+y-11=-1 \end{cases}$

(4) $\begin{cases} 2x-y=12 \\ 0.01x+0.02y=0.11 \end{cases}$

(5) $\begin{cases} 0.5x+0.2y=0.7 \\ 0.1x-0.3y=-0.2 \end{cases}$

(6) $\begin{cases} 0.7x+0.2y=2.7 \\ 0.8x-0.4y=-1 \end{cases}$

(7) $\begin{cases} 0.1x+0.2y=0.5 \\ 0.02x+0.03y=0.08 \end{cases}$

(8) $\begin{cases} 0.01x+0.02y=0.01 \\ 0.02x-0.01y=0.02 \end{cases}$

(9) $\begin{cases} 0.04x-0.05y=0.02 \\ -0.03x+0.04y=0.01 \end{cases}$

(10) $\begin{cases} 0.2x+0.3y=1.9 \\ 0.02x-0.03y=0.01 \end{cases}$

(11) $\begin{cases} 0.04x-0.05y=-0.03 \\ 0.3x-0.4y=-0.2 \end{cases}$

(12) $\begin{cases} 0.1x-0.02y=0.18 \\ 0.03x+0.04y=0.1 \end{cases}$

• $\begin{cases} \dfrac{1}{4}x - \dfrac{1}{6}y = -\dfrac{2}{3} & \cdots\cdots ① \\ 0.3x + 0.5y = -0.1 & \cdots\cdots ② \end{cases}$

$\xrightarrow[\;②\times 10\;]{①\times(\text{분모의 최소공배수 } 12)}$ $\begin{cases} 3x - 2y = -8 \\ 3x + 5y = -1 \end{cases}$

$\rightarrow\ x = -2,\ y = 1$

07 다음 연립방정식을 풀어라.

(1) $\begin{cases} \dfrac{1}{4}x + \dfrac{3}{5}y = 5 \\ 0.5x - 0.4y = 2 \end{cases}$

(2) $\begin{cases} \dfrac{2}{5}x - \dfrac{1}{2}y = 1 \\ 0.2x + 0.5y = 0.2 \end{cases}$

(3) $\begin{cases} \dfrac{2}{3}x + \dfrac{1}{2}y = 3 \\ 0.3x + 0.4y = 1.7 \end{cases}$

(4) $\begin{cases} 0.3x + 0.2y = 2.8 \\ \dfrac{x}{3} + \dfrac{y}{2} = 2 \end{cases}$

(5) $\begin{cases} 0.2x - 0.3y = 1.2 \\ \dfrac{3}{5}x - \dfrac{1}{2}y = -\dfrac{2}{5} \end{cases}$

(6) $\begin{cases} 0.03x - 0.05y = 0.19 \\ \dfrac{x}{2} + \dfrac{y}{3} = \dfrac{5}{6} \end{cases}$

(7) $\begin{cases} \dfrac{1}{2}x - 0.25y = 0 \\ 0.1x + 0.2y = 0.5 \end{cases}$

(8) $\begin{cases} \dfrac{1}{5}x - \dfrac{3}{10}y = \dfrac{13}{5} \\ \dfrac{1}{4}x + 0.5y = -2 \end{cases}$

(9) $\begin{cases} \dfrac{1}{10}x + \dfrac{1}{5}y = \dfrac{4}{5} \\ 0.5x + \dfrac{2}{5}y = 2.2 \end{cases}$

(10) $\begin{cases} 0.3x - \dfrac{2}{5}y = \dfrac{1}{2} \\ \dfrac{x}{3} + \dfrac{2}{5}y = \dfrac{7}{5} \end{cases}$

도전! **100점**

08 연립방정식 $\begin{cases} 3x - y = 6 \\ 5(2x-1) + y = 28 \end{cases}$ 의 해가 $x = a,\ y = b$일 때, $a + b$의 값은?

① -6 ② -3 ③ 0
④ 3 ⑤ 6

09 연립방정식 $\begin{cases} \dfrac{1}{4}x - \dfrac{1}{6}y = -\dfrac{5}{6} \\ 0.3x + 0.5y = 0.4 \end{cases}$ 를 풀면?

① $x = -2,\ y = -1$ ② $x = -2,\ y = -2$
③ $x = -2,\ y = 2$ ④ $x = 2,\ y = -2$
⑤ $x = 2,\ y = 2$

개념 13 $A=B=C$ 꼴의 연립방정식 / 해가 특수한 연립방정식

2 연립일차방정식

(1) $A=B=C$ 꼴의 연립방정식 : 다음 세 경우 중 가장 간단한 것으로 고쳐서 푼다.

$$\begin{cases} A=B \\ A=C \end{cases} \text{ 또는 } \begin{cases} A=B \\ B=C \end{cases} \text{ 또는 } \begin{cases} A=C \\ B=C \end{cases}$$

예 $\underset{A}{x-2y}=\underset{B}{2x-y}=\underset{C}{6}$ 은 가장 간단한 꼴인 $\begin{cases} A=C \\ B=C \end{cases} = \begin{cases} x-2y=6 \\ \boxed{}=6 \end{cases}$ 으로 고쳐서 푼다.

(2) **연립방정식의 해가 무수히 많다** : 두 방정식이 일치하는 경우

예 $\begin{cases} 2x+y=1 & \cdots\cdots ① \\ 6x+3y=3 & \cdots\cdots ② \end{cases}$ $\xrightarrow{①\times3}$ $\begin{cases} 6x+3y=\boxed{} \\ 6x+3y=3 \end{cases}$ ➡ 일치 ∴ 해가 무수히 많다.

(3) **연립방정식의 해가 없다** : 두 방정식의 계수끼리는 같고, 상수항만 다른 경우

예 $\begin{cases} x-2y=1 & \cdots\cdots ① \\ 2x-4y=5 & \cdots\cdots ② \end{cases}$ $\xrightarrow{①\times2}$ $\begin{cases} 2x-4y=\boxed{} \\ 2x-4y=5 \end{cases}$ ➡ 상수항만 다르다 ∴ 해가 없다.

유형 $A=B=C$ 꼴의 연립방정식

• $\underset{A}{2x+y}=\underset{B}{x-4y}=\underset{C}{9}$ $\xrightarrow{\begin{cases} A=C \\ B=C \end{cases}꼴}$ $\begin{cases} 2x+y=9 \\ x-4y=9 \end{cases}$

∴ $x=5,\ y=-1$

01 다음 연립방정식을 풀어라.

(1) $3x-y=2x-y+11=5$

(2) $2x+y-2=x-3y=2$

(3) $3x+5y=x+y+2=4$

(4) $3x+y-2=2x-5y+6=5$

(5) $5x-3y=4x-4y=3x+2y-7$

(6) $3x+y=4x-y=x+5$

(7) $x+2y-7=y-3=2x-3y+1$

(8) $\dfrac{x-y}{2}=\dfrac{x-3y}{3}=1$

(9) $\dfrac{2x+3}{5}=\dfrac{x+y}{3}=\dfrac{2x-y}{2}$

(10) $\dfrac{x-3}{2}=\dfrac{x+y+8}{3}=\dfrac{x-y-6}{5}$

$$\begin{cases} x+y=3 & \cdots\cdots ① \\ 2x+2y=6 & \cdots\cdots ② \end{cases} \xrightarrow{①\times2} \begin{cases} 2x+2y=6 \\ 2x+2y=6 \end{cases}$$

$$\xrightarrow{일치} \text{해가 무수히 많다}$$

$$\begin{cases} x+y=1 & \cdots\cdots ① \\ 3x+3y=2 & \cdots\cdots ② \end{cases} \xrightarrow{①\times3} \begin{cases} 3x+3y=3 \\ 3x+3y=2 \end{cases}$$

$$\xrightarrow[\text{다르다}]{\text{상수항만}} \text{해가 없다}$$

02 다음 연립방정식을 풀어라.

(1) $\begin{cases} x-y=3 \\ 2x-2y=6 \end{cases}$

(2) $\begin{cases} 3x+y=6 \\ 6x+2y=-3 \end{cases}$

(3) $\begin{cases} 2x-3y=1 \\ 6x-9y=3 \end{cases}$

$$\begin{cases} ax+y=1 & \cdots\cdots ① \\ 6x+2y=2 & \cdots\cdots ② \end{cases} \xrightarrow{①\times2} \begin{cases} 2ax+2y=2 \\ 6x+2y=2 \end{cases}$$

$$\rightarrow 2a=6 \qquad \therefore a=3$$

03 다음 연립방정식의 해가 무수히 많을 때, 상수 a의 값을 구하여라.

(1) $\begin{cases} x+ay=2 \\ 3x+3y=6 \end{cases}$

(2) $\begin{cases} x-2y=4 \\ ax-6y=12 \end{cases}$

(3) $\begin{cases} x-y=3 \\ 2x+ay=6 \end{cases}$

$$\begin{cases} ax+3y=3 & \cdots\cdots ① \\ 2x+6y=9 & \cdots\cdots ② \end{cases} \xrightarrow{①\times2} \begin{cases} 2ax+6y=6 \\ 2x+6y=9 \end{cases}$$

$$\rightarrow 2a=2 \qquad \therefore a=1$$

04 다음 연립방정식의 해가 없을 때, 상수 a의 값을 구하여라.

(1) $\begin{cases} 3x-y=-9 \\ ax-2y=18 \end{cases}$

(2) $\begin{cases} 3x+ay=7 \\ -12x+8y=28 \end{cases}$

(3) $\begin{cases} 4x-6y=-6 \\ -ax-3y=-2 \end{cases}$

(4) $\begin{cases} 2x-ay=5 \\ -6x+3y=-10 \end{cases}$

(5) $\begin{cases} -2x+4y=-3 \\ 3x+ay=1 \end{cases}$

도전! 100점

05 다음 연립방정식 중 해가 <u>없는</u> 것은?

① $\begin{cases} 2x+4y=6 \\ x+2y=3 \end{cases}$ ② $\begin{cases} 3x-6y=18 \\ x-2y=6 \end{cases}$

③ $\begin{cases} 2x+y=3 \\ 6x+3y=2 \end{cases}$ ④ $\begin{cases} 4x+2y=5 \\ 16x+2y=5 \end{cases}$

⑤ $\begin{cases} x-4y=16 \\ -x+2y=-8 \end{cases}$

(1) **미지수 x, y 정하기** : 문제의 뜻을 파악하고, 무엇을 미지수 x, y로 놓을지 결정한다.

(2) **연립방정식 세우기** : x, y를 사용하여 문제의 주어진 조건에 맞는 연립방정식을 세운다.

(3) **연립방정식 풀기** : 두 식의 합 또는 차, 식의 대입을 이용하여 연립방정식을 풀어 x, y의 값을 구한다.

(4) **확인하기** : 구한 x, y의 값이 문제의 뜻에 맞는지 확인한다.

유형 수의 연산에 관한 문제

• 두 자연수를 x, y라 놓으면

┌ 두 자연수의 합이 46 → $x+y=46$
└ 두 자연수의 차가 4 → $x-y=4$

→ $\begin{cases} x+y=46 \\ x-y=4 \end{cases}$ → $x=25$, $y=21$

01 합이 60이고, 차가 6인 두 자연수를 구하려고 한다. 다음 물음에 답하여라.

(1) 두 자연수를 x, y라 할 때,

┌ 두 수의 합이 60 ➡ $x+y=$ ☐
└ 두 수의 차가 6 ➡ $x-y=$ ☐

(2) (1)에서 세운 두 방정식을 연립방정식으로 나타내어라.

(3) (2)에서 세운 연립방정식을 풀어라.

(4) 두 자연수를 구하여라.

02 합이 36이고, 차가 18인 두 자연수를 구하려고 한다. 다음 물음에 답하여라.

(1) 두 자연수를 x, y라 할 때, x, y에 관한 연립방정식을 세워라.

(2) (1)에서 세운 연립방정식을 풀어라.

(3) 두 자연수를 구하여라.

03 합이 -4이고, 차가 28인 두 정수를 구하려고 한다. 다음 물음에 답하여라.

(1) 두 정수를 x, y라 할 때, x, y에 관한 연립방정식을 세워라.

(2) (1)에서 세운 연립방정식을 풀어라.

(3) 두 정수를 구하여라.

- 처음 두 자리의 수 : $\boxed{x}\,\boxed{y}$ ➡ $10x+y$
- 자리를 바꾼 수 : $\boxed{y}\,\boxed{x}$ ➡ $10y+x$

04 두 자리의 자연수가 있다. 각 자리의 숫자의 합은 13이고, 십의 자리의 숫자와 일의 자리의 숫자를 서로 바꾼 수는 처음 수보다 9가 작다고 할 때, 처음 수를 구하려고 한다. 다음 물음에 답하여라.

(1) 십의 자리의 숫자를 x, 일의 자리의 숫자를 y라 할 때,

┌ 각 자리의 숫자의 합은 13

➡ $x+y=\boxed{}$

└ 자리를 바꾼 수는 처음 수보다 9 작다.

➡ $(10y+x) = (10x+y) - \boxed{}$

(2) (1)의 두 방정식을 연립방정식으로 나타내어 풀어라.

(3) 처음 수를 구하여라.

05 두 자리의 자연수가 있다. 각 자리의 숫자의 합은 9이고, 십의 자리의 숫자와 일의 자리의 숫자를 서로 바꾼 수는 처음 수보다 27이 크다고 할 때, 처음 수를 구하려고 한다. 다음 물음에 답하여라.

(1) 십의 자리의 숫자를 x, 일의 자리의 숫자를 y라 할 때, x, y에 관한 연립방정식을 세워라.

(2) (1)에서 세운 연립방정식을 풀어 처음 수를 구하여라.

현재 엄마 나이를 x살, 딸의 나이를 y살이라 할 때,
- 10년 후 엄마의 나이는 딸의 나이의 2배
  ➡ $(x+10) = (y+10)\times 2$
- 2년 전 엄마의 나이는 딸의 나이의 3배
  ➡ $(x-2) = (y-2)\times 3$

06 엄마와 딸의 나이의 합은 53살이고 11년 후에 엄마의 나이는 딸의 나이의 2배가 된다고 할 때, 현재 엄마와 딸의 나이를 각각 구하려고 한다. 다음 물음에 답하여라.

(1) 엄마와 딸의 나이를 각각 x살, y살이라 할 때,

┌ 엄마와 딸의 나이의 합은 53

➡ $x+y=\boxed{}$

└ 11년 후 엄마의 나이는 딸의 나이의 2배

➡ $(x+11)=(y+11)\times\boxed{}$

(2) (1)의 두 방정식을 연립방정식으로 나타내어 풀어라.

(3) 현재 엄마와 딸의 나이를 각각 구하여라.

07 아빠와 아들의 나이의 차는 26살이고 3년 전에 아빠의 나이는 아들의 나이의 3배였다고 할 때, 현재 아빠의 나이를 구하려고 한다. 다음 물음에 답하여라.

(1) 아빠의 나이를 x살, 아들의 나이를 y살이라 할 때, x, y에 관한 연립방정식을 세워라.

(2) (1)에서 세운 연립방정식을 풀어 현재 아빠의 나이를 구하여라.

• 700원짜리 우유와 800원짜리 주스를 살 때,
  $\underset{x개}{}$ $\underset{y개}{}$
  ➡ 개수에 관한 식 : $x+y=$(총 개수)
  ➡ 가격에 관한 식 : $700x+800y=$(총 가격)

08 500원짜리 우유와 700원짜리 과자를 합하여 9
개를 사고 5100원을 지불하였다. 우유와 과자를
각각 몇 개씩 샀는지 구하려고 할 때, 다음 물음
에 답하여라.

(1) 우유를 x개, 과자를 y개 샀다고 할 때,
  ┌ 우유와 과자의 개수는 9개
  │ ➡ $x+y=$ ☐
  └ 500원짜리 우유와 700원짜리 과자의 가
    격은 5100원 ➡ $500x+700y=$ ☐

(2) (1)의 두 방정식을 연립방정식으로 나타내어
풀어라.

(3) 우유와 과자를 각각 몇 개씩 샀는지 구하여라.

09 1개에 1000원 하는 머리끈과 800원 하는 머리
핀을 합하여 10개를 샀더니 총 가격이 9200원
이었다. 머리핀을 몇 개 샀는지 구하려고 할 때,
다음 물음에 답하여라.

(1) 머리끈을 x개, 머리핀을 y개 샀다고 할 때,
x, y에 관한 연립방정식을 세워라.

(2) (1)에서 세운 연립방정식을 풀어 머리핀을
몇 개 샀는지 구하여라.

• 강아지 x마리와 닭 y마리를 기르고 있을 때,
  ➡ 마리 수에 관한 식 : $x+y=$(총 마리 수)
  ➡ 다리 수에 관한 식 : $4x+2y=$(총 다리 수)
    강아지의 다리 수┘   └닭의 다리 수

10 강아지와 닭을 합하여 6마리가 있다. 다리 수의
합이 20개일 때, 강아지와 닭은 각각 몇 마리씩
있는지 구하려고 한다. 다음 물음에 답하여라.

(1) 강아지의 수를 x마리, 닭의 수를 y마리라
할 때,
  ┌ 강아지와 닭은 모두 6마리
  │ ➡ $x+y=$ ☐
  └ 강아지의 다리 수와 닭의 다리 수는 모두
    20개 ➡ $4x+2y=$ ☐

(2) (1)의 두 방정식을 연립방정식으로 나타내어
풀어라.

(3) 강아지와 닭은 각각 몇 마리씩 있는지 구하
여라.

11 주차장에 오토바이와 자동차가 합하여 16대가
주차되어 있다. 바퀴 수의 합이 52개라 할 때,
오토바이는 몇 대인지 구하려고 한다. 다음 물
음에 답하여라.

(1) 오토바이의 수를 x대, 자동차의 수를 y대라
할 때, x, y에 관한 연립방정식을 세워라.

(2) (1)에서 세운 연립방정식을 풀어 오토바이는
몇 대인지 구하여라.

• 어른 1명 입장료 x원과 어린이 1명 입장료가 y원
┌ (어른 1명)+(어린이 2명) ➡ $x+2y=$(총 입장료)
└ (어른 2명)+(어린이 1명) ➡ $2x+y=$(총 입장료)

12 어느 공원의 어른 1명과 어린이 2명의 총 입장료는 4000원이고 어른 2명과 어린이 1명의 총 입장료는 5000원일 때, 어른 1명과 어린이 1명의 입장료를 각각 구하려고 한다. 다음 물음에 답하여라.

(1) 어른 1명의 입장료를 x원, 어린이 1명의 입장료를 y원이라 할 때,

┌ 어른 1명과 어린이 2명의 총 입장료는
  4000원 ➡ $x+2y=$ ☐
└ 어른 2명과 어린이 1명의 총 입장료는
  5000원 ➡ $2x+y=$ ☐

(2) (1)의 두 방정식을 연립방정식으로 나타내어 풀어라.

(3) 어른 1명과 어린이 1명의 입장료를 각각 구하여라.

13 어느 박물관의 어른 2명과 어린이 3명의 총 입장료는 8600원이고 어른 3명과 어린이 2명의 총 입장료는 9900원일 때, 어른 1명과 어린이 1명의 입장료를 각각 구하려고 한다. 다음 물음에 답하여라.

(1) 어른 1명의 입장료를 x원, 어린이 1명의 입장료를 y원이라 할 때, x, y에 관한 연립방정식을 세워라.

(2) (1)에서 세운 연립방정식을 풀어 어른 1명과 어린이 1명의 입장료를 각각 구하여라.

14 어느 박물관에 어른 4명과 어린이 9명이 입장하는 데 총 입장료가 10500원이었다. 어른의 입장료가 어린이의 입장료의 3배일 때, 어른 2명과 어린이 3명의 총 입장료를 구하려고 한다. 다음 물음에 답하여라.

(1) 어른 1명의 입장료를 x원, 어린이 1명의 입장료를 y원이라 할 때, x, y에 관한 연립방정식을 세워라.

(2) (1)에서 세운 연립방정식을 풀어 어른 1명과 어린이 1명의 입장료를 각각 구하여라.

(3) 어른 2명과 어린이 3명의 총 입장료를 구하여라.

도전! 100점

15 수영이는 진수보다 6살이 많고, 진수의 나이의 3배는 수영이의 나이의 2배와 같다고 한다. 이때, 수영이의 나이는?

① 12살   ② 15살   ③ 18살
④ 21살   ⑤ 24살

16 1개에 500원 하는 초콜릿과 400원 하는 사탕을 합하여 20개를 사서 2000원짜리 선물 바구니에 넣어 포장하였더니 총 금액이 11200원이었다. 이때, 초콜릿은 사탕보다 몇 개 더 샀는가?

① 2개   ② 4개   ③ 6개
④ 8개   ⑤ 10개

(1) 거리, 속력, 시간에 관한 활용

$$(거리) = (속력) \times (시간), \quad (속력) = \frac{(거리)}{(시간)}, \quad (시간) = \frac{(거리)}{(속력)}$$

(2) 농도에 관한 활용

$$(소금물의\ 농도) = \frac{(소금의\ 양)}{(소금물의\ 양)} \times 100(\%)$$

$$(소금의\ 양) = \frac{(소금물의\ 농도)}{100} \times (소금물의\ 양)$$

유형 **거리, 속력, 시간에 관한 문제**

	〈A 구간〉	〈B 구간〉	
거리	←─ x km ─→	─ y km ─→	➡ $x + y =$ (총 거리)
속력	←시속 3 km→	시속 4 km→	
시간	←─ $\dfrac{x}{3}$ ─→	$\dfrac{y}{4}$ ─→	➡ $\dfrac{x}{3} + \dfrac{y}{4} =$ (총 시간)

01 지섭이는 총 거리가 9 km인 등산로를 올라갈 때는 시속 2 km로 걷고, 내려올 때는 올라갈 때와 다른 길을 시속 5 km로 걸었더니 모두 3시간이 걸렸다. 올라간 거리와 내려온 거리를 각각 구하려고 할 때, 다음 물음에 답하여라.

(1) 올라간 거리를 x km, 내려온 거리를 y km 라 할 때,

┌ 올라간 거리와 내려온 거리의 총 합은
  9 km ➡ $x + y = \square$
└ 올라갈 때는 시속 2 km, 내려올 때는 시속 5 km로 3시간이 걸렸다.

➡ $\dfrac{x}{2} + \dfrac{y}{5} = \square$

(2) (1)에서 세운 두 방정식을 연립방정식으로 나타내어라.

(3) (2)에서 세운 연립방정식을 풀어라.

(4) 올라간 거리와 내려온 거리를 각각 구하여라.

02 나연이는 총 거리가 15 km인 등산로를 올라갈 때는 시속 3 km로 걷고, 내려올 때는 올라갈 때와 다른 길로 시속 4 km로 걸었더니 모두 4시간 30분이 걸렸다. 올라간 거리와 내려온 거리를 각각 구하려고 할 때, 다음 물음에 답하여라.

(1) 올라간 거리를 x km, 내려온 거리를 y km 라 할 때, 거리와 시간에 관한 연립방정식으로 나타내어라.

(2) (1)에서 세운 연립방정식을 풀어라.

(3) 올라간 거리와 내려온 거리를 각각 구하여라.

유형 **농도에 관한 문제**

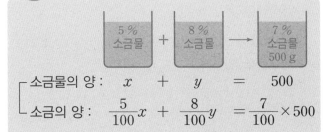

$$\begin{cases} \text{소금물의 양}: & x + y = 500 \\ \text{소금의 양}: & \dfrac{5}{100}x + \dfrac{8}{100}y = \dfrac{7}{100} \times 500 \end{cases}$$

03 5 %의 소금물과 10 %의 소금물을 섞어서 8 % 의 소금물 600 g을 만들었다. 두 종류의 소금물 의 양을 각각 구하려고 할 때, 다음 물음에 답하 여라.

(1) 5 %의 소금물을 x g, 10 %의 소금물을 y g 이라고 할 때,

　두 소금물을 섞은 소금물의 양은 600 g

　➡ $x+y=$ ▢

　5 %, 10 %의 소금물에 들어 있는 소금의 양의 합은 섞은 8 %의 소금물에 들어 있 는 소금의 양과 같다.

　➡ $\dfrac{5}{100}x+\dfrac{10}{100}y=\dfrac{8}{100}\times$ ▢

(2) (1)에서 세운 두 방정식을 연립방정식으로 나타내어라.

(3) (2)에서 세운 연립방정식을 풀어라.

(4) 5 %의 소금물의 양을 구하여라.

(5) 10 %의 소금물의 양을 구하여라.

04 12 %의 소금물과 7 %의 소금물을 섞어서 9 % 의 소금물 400 g을 만들었다. 두 종류의 소금물 의 양을 각각 구하려고 할 때, 다음 물음에 답하 여라.

(1) 12 %의 소금물을 x g, 7 %의 소금물을 y g이 라고 할 때, 연립방정식을 세워라.

(2) (1)에서 세운 연립방정식을 풀어라.

(3) 12 %의 소금물의 양을 구하여라.

(4) 7 %의 소금물의 양을 구하여라.

도전! 100점

05 지효는 총 거리가 20 km인 등산로를 올라갈 때 는 시속 3 km로 걷고, 내려올 때는 올라갈 때와 다른 길로 시속 4 km로 걸었더니 모두 6시간이 걸렸다. 지효가 내려온 거리는?

① 8 km　　② 9 km　　③ 10 km

④ 11 km　　⑤ 12 km

 개념정복

중단원 마무리

개념 07

01 다음 등식에서 미지수가 2개인 일차방정식이 되기 위한 상수 a, b의 조건을 각각 구하여라.

(1) $(a-3)x+(b+2)y+5=0$

(2) $2x-y+1=-ax+by-1$

(3) $(2a-1)x+(3b-2)y+5=-x+y-1$

(4) $(a-2)x-(b-1)y=3x+5$

(5) $(a-1)x^2-by=2(x-y)$

개념 07

02 다음 방정식을 이항만을 이용하여 $ax+by+c=0$의 꼴로 나타낼 때, 상수 a, b의 값을 구하여라. (단, $a>0$)

(1) $4x-5y=2x-3$

(2) $x=-3y+4$

(3) $3x+2y=4(x-y)$

(4) $2(x+y)=3y-1$

개념 07

03 다음을 x, y를 미지수로 하는 일차방정식으로 나타내어라.

(1) x개의 볼펜과 y개의 색연필을 합하여 모두 15개를 샀다.

(2) 소 x마리와 닭 y마리의 다리 수의 차는 8개이다.

(3) 밑변의 길이가 x이고, 높이가 5인 삼각형의 넓이는 y이다.

(4) 3점짜리 문제 x개와 4점짜리 문제 y개를 맞혀서 88점을 받았다.

개념 08

04 다음 일차방정식 중 순서쌍 $(2, 3)$을 해로 갖는 것에는 ○표, 아닌 것에는 ×표 하여라.

(1) $4x-2y=2$ (   )

(2) $2x-y=-1$ (   )

(3) $3x-4y=-6$ (   )

(4) $-5x-3y=1$ (   )

(5) $6x+2y=18$ (   )

05 다음 일차방정식에서 주어진 순서쌍이 그 일차방정식의 해일 때, 상수 a의 값을 구하여라.

(1) $-2x+y=5 \qquad (2, a)$

(2) $2x+3y=11 \qquad (-2, a)$

(3) $-5x-3y=-4 \qquad (-1, a)$

(4) $\dfrac{x}{2}+y=1 \qquad (4, a)$

06 다음과 같이 연립방정식과 그 해가 주어졌을 때, 상수 a, b의 값을 각각 구하여라.

(1) $\begin{cases} ax-y=1 \\ 3x+by=12 \end{cases}$ 해 : $(2, 3)$

(2) $\begin{cases} x+y=-1 \\ 2x-by=-3 \end{cases}$ 해 : $(a, 1)$

(3) $\begin{cases} -x+3y=7 \\ ax+y=-3 \end{cases}$ 해 : $(-1, b)$

(4) $\begin{cases} x+4y=-2 \\ 5x+by=7 \end{cases}$ 해 : $(2, a)$

07 다음 연립방정식을 두 식의 합 또는 차를 이용하여 풀어라.

(1) $\begin{cases} 3x+4y=6 \\ x+2y=6 \end{cases}$

(2) $\begin{cases} 3x-2y=-5 \\ 6x-9y=15 \end{cases}$

(3) $\begin{cases} 2x+3y=2 \\ 5x-2y=24 \end{cases}$

(4) $\begin{cases} x-2y=3 \\ 2x+3y=20 \end{cases}$

08 다음 연립방정식을 식의 대입을 이용하여 풀어라.

(1) $\begin{cases} y=x-1 \\ y=-4x+4 \end{cases}$

(2) $\begin{cases} 3x=2y-5 \\ 3x-y=-7 \end{cases}$

(3) $\begin{cases} 2x=3y-5 \\ 2x+y=11 \end{cases}$

(4) $\begin{cases} 4x-6y=8 \\ 2x+2=6y \end{cases}$

09 다음 연립방정식을 풀어라.

(1) $\begin{cases} 2(x-3y)-y=7 \\ 3x-(x+5y)=5 \end{cases}$

(2) $\begin{cases} \dfrac{x-2}{3} = \dfrac{x+y-1}{4} \\ 2x-3y=4 \end{cases}$

(3) $\begin{cases} 0.2x+0.3y=0.6 \\ 0.1x+0.2y=0.5 \end{cases}$

(4) $\begin{cases} -2x+3(x-y)=-9 \\ 2(x+2y)+3y=8 \end{cases}$

(5) $\begin{cases} 0.3x-0.2y=-0.2 \\ 0.08x+0.01y=0.2 \end{cases}$

10 다음 연립방정식을 풀어라.

(1) $\begin{cases} -3x+4(y-1)=11 \\ \dfrac{x}{3}+\dfrac{y}{2}=\dfrac{7}{6} \end{cases}$

(2) $\begin{cases} 0.3x+0.4y=1.7 \\ \dfrac{2}{3}x+\dfrac{1}{2}y=3 \end{cases}$

(3) $\begin{cases} 0.3(x+y)-0.1y=1.9 \\ \dfrac{2}{3}x+\dfrac{3}{5}y=5 \end{cases}$

(4) $\begin{cases} \dfrac{4-x}{5} = \dfrac{1-y}{4} \\ 0.8(x-y)+0.2y=1 \end{cases}$

(5) $\begin{cases} 0.3(x+y)+0.1y=2 \\ \dfrac{x-1}{3}+y=3 \end{cases}$

11 다음 연립방정식을 풀어라.

(1) $3x+2y=4x-2y=7$

(2) $4x-3y=x-y+3=1$

(3) $\dfrac{x+y-1}{3} = \dfrac{2x-y}{4} = y$

(4) $2x+2y=4x-y=x+7$

(5) $\dfrac{2x-y-1}{2} = \dfrac{5x-8y+4}{3} = 5$

12 다음 연립방정식을 풀어라.

(1) $\begin{cases} -2x+y=-1 \\ 4x-2y=2 \end{cases}$

(2) $\begin{cases} 3x+y=-10 \\ 9x+3y=-5 \end{cases}$

(3) $\begin{cases} -3x-3y=-10 \\ -7x-7y=-15 \end{cases}$

(4) $\begin{cases} 3x-6y=2 \\ -x+2y=-\dfrac{2}{3} \end{cases}$

(5) $\begin{cases} 4x+6y=-\dfrac{3}{2} \\ 6x+9y=1 \end{cases}$

(6) $\begin{cases} \dfrac{1}{2}x+y=3 \\ -2x-4y=-12 \end{cases}$

13 어머니와 형의 나이의 차는 30살이고, 5년 후에는 어머니의 나이가 형의 나이의 2배보다 7살 많아진다고 한다. 이때 현재 어머니의 나이를 구하려고 한다. 물음에 답하여라.

(1) 형의 나이를 x살, 어머니의 나이를 y세라고 할 때, x, y에 관한 연립일차방정식을 세워라.

(2) (1)에서 세운 연립방정식을 풀어 현재 어머니의 나이를 구하여라.

14 16 km 떨어진 두 지점에서 우겸이와 나연이가 동시에 마주 보고 출발하여 도중에 만났다. 우겸이는 시속 3 km로, 나연이는 시속 5 km로 걸었다고 할 때, 나연이가 걸은 거리를 구하려고 한다. 물음에 답하여라.

(1) 우겸이가 걸은 거리를 x km, 나연이가 걸은 거리를 y km라 할 때, x, y에 관한 연립방정식을 세워라.

(2) (1)에서 세운 연립방정식을 풀어 나연이가 걸은 거리를 구하여라.

01 x의 값이 -2, -1, 0, 1, 2일 때, 부등식 $\dfrac{1}{2}x-1\geq-\dfrac{3}{2}$의 해가 <u>아닌</u> 것은?

① 2　　　② 1　　　③ 0

④ -1　　　⑤ -2

02 다음 중 옳지 <u>않은</u> 것은?

① $7a+3\geq7b+3$이면 $a\geq b$이다.

② $\dfrac{1}{3}a-2\leq\dfrac{1}{3}b-2$이면 $a\leq b$이다.

③ $2a+3\geq2b+3$이면 $a\geq b$이다.

④ $5-a\geq5-b$이면 $a\leq b$이다.

⑤ $-4a-3>-4b-3$이면 $a>b$이다.

03 부등식의 성질을 이용하여 다음 식의 값의 범위를 구하여라.

(1) $x>-1$일 때, $2x+1$의 값의 범위

(2) $x<2$일 때, $3(x+1)-1$의 값의 범위

(3) $x\geq3$일 때, $-\dfrac{1}{3}x+5$의 값의 범위

04 다음 중 일차부등식이 <u>아닌</u> 것은?

① $x+3>2x$　　　② $5x-1\leq5x$

③ $2x+5<x+1$　　　④ $4>1-2x$

⑤ $-2x\leq2x+1$

05 일차부등식 $\dfrac{2x-5}{3}<\dfrac{1-5x}{4}$를 풀면?

① $x<-1$　　② $x<1$　　③ $x>1$

④ $x<0$　　⑤ $x>-1$

06 $a<0$일 때, 다음 부등식의 해를 구하여라.

(1) $ax-1>0$

(2) $ax+2\geq2(a+1)$

07 다음 두 일차부등식의 해가 같을 때 상수 a의 값을 구하여라.

$$\frac{x-a}{2} \geq \frac{x-1}{3},\ 0.5(x-7) \geq 1.5$$

① $a=2$ ② $a=-2$ ③ $a=3$

④ $a=4$ ⑤ $a=-4$

08 다음 일차부등식 중 해가 나머지 넷과 <u>다른</u> 하나는?

① $x-3 > -5$ ② $2x+3 > -1$

③ $3-2x > 4-x$ ④ $x+3 < 2(x+2)+1$

⑤ $2-x < 4$

09 다음 중 두 미지수 x, y에 관한 일차방정식인 것은?

① $x-1=0$ ② $3x-9=0$

③ $2x-y=3$ ④ $x^2+x-8=0$

⑤ $x+xy-9=0$

10 x, y가 자연수일 때,

연립방정식 $\begin{cases} x+y=5 \\ 2x+y=6 \end{cases}$ 의 해는?

① $(4, 1)$ ② $(2, 2)$ ③ $(2, 3)$

④ $(3, 2)$ ⑤ $(1, 4)$

11 연립방정식 $\begin{cases} 2x=5y+8 \\ 4x-7y=19 \end{cases}$ 를 풀면?

① $x=\dfrac{13}{2},\ y=-1$ ② $x=-\dfrac{13}{2},\ y=1$

③ $x=1,\ y=-\dfrac{13}{2}$ ④ $x=1,\ y=\dfrac{13}{2}$

⑤ $x=\dfrac{13}{2},\ y=1$

12 다음과 같이 연립방정식과 그 해가 주어졌을 때, 상수 a, b의 값을 각각 구하여라.

(1) $\begin{cases} ax+y=5 \\ 5x-by=7 \end{cases}$ $(2, 1)$

(2) $\begin{cases} y=ax-9 \\ bx+5y=-7 \end{cases}$ $(1, -2)$

(3) $\begin{cases} 3x+y=11 \\ ax+4y=8 \end{cases}$ $(4, b)$

13 연립방정식 $\begin{cases} 0.1x-0.4y=1.3 \\ \dfrac{1}{5}x+\dfrac{3}{5}y=\dfrac{6}{5} \end{cases}$ 을 풀면?

① $x=-9,\ y=-7$ ② $x=-9,\ y=-1$

③ $x=-9,\ y=1$ ④ $x=9,\ y=-1$

⑤ $x=9,\ y=7$

14 다음 연립방정식 중 해가 무수히 많은 것은?

① $\begin{cases} x+y=3 \\ 2x-2y=6 \end{cases}$ ② $\begin{cases} x-y=-7 \\ -x+y=-7 \end{cases}$

③ $\begin{cases} x+2y=3 \\ x+4y=3 \end{cases}$ ④ $\begin{cases} 2x-4y=-6 \\ -x+2y=-3 \end{cases}$

⑤ $\begin{cases} 2x+3y=4 \\ -6x-9y=-12 \end{cases}$

15 다음 연립방정식 중 해가 <u>없는</u> 것은?

① $\begin{cases} 3x+y=-6 \\ x+y=0 \end{cases}$ ② $\begin{cases} x-y=1 \\ 3x-y=1 \end{cases}$

③ $\begin{cases} 2x+y=10 \\ 4x+2y=-10 \end{cases}$ ④ $\begin{cases} 2x-4y=4 \\ 3x-6y=6 \end{cases}$

⑤ $\begin{cases} -2x+y=-1 \\ -4x+3y=1 \end{cases}$

16 현우네 집에서 학교까지의 거리가 8 km이다. 현우가 집에서 출발하여 시속 4 km로 걷다가 도중에 시속 3 km로 걸어서 2시간 30분 이내에 학교에 도착하였을 때 시속 4 km로 걸은 거리는 몇 km이상인가?

① 1 km ② 1.5 km ③ 2 km

④ 2.5 km ⑤ 3 km

17 4 %의 소금물과 10 %의 소금물을 섞어서 8 % 이하의 소금물 600 g을 만들려고 한다. 이 때 4 %의 소금물은 최소 몇 g 이상을 섞어야 하는가?

① 100 g ② 200 g ③ 250 g

④ 300 g ⑤ 400 g

18 솔별이는 한 개에 1000원 하는 바나나와 한 개에 3000원 하는 자몽을 섞어서 12개를 사고 26000원을 지불하였다. 이때, 바나나는 몇 개를 샀는가?

① 2개 ② 3개 ③ 4개

④ 5개 ⑤ 6개

19 어느 동물원의 어른 3명과 어린이 1명의 총 입장료는 3800원이고 어른 2명과 어린이 4명의 총 입장료는 5200원일 때, 어른 1명과 어린이 1명의 입장료를 각각 구하여라.

Ⅳ 일차함수

(1) **변수** : x, y와 같이 여러 가지로 변하는 값을 나타내는 문자

예 $y=2x$에서 x의 값이 1, 2, 3, …으로 변함에 따라 y의 값은 2, 4, 6, …으로 변한다. 따라서 변하는 값을 나타내는 문자 x, ▢를 **변수**라 한다.

(2) **함수** : 두 변수 x, y에 대하여 x의 값이 하나 정해지면 그에 대응하는 y의 값이 단 하나로 정해지는 관계가 있을 때, **y를 x의 함수**라 한다.

예 $y=2x$는 $x=1$, 2, 3, …일 때, $y=2$, 4, ▢, …이므로 x의 값이 하나 정해지면 그에 대응하는 y의 값이 단 하나로 정해진다. 따라서 $y=2x$는 함수이다.

유형 **함수의 구분**

- x값 1개 →(대응) y값 1개 : 함수
- 자연수 x를 2배 한 값 y

x	1 (1개)	2 (1개)	3 (1개)	…
y	2 (1개)	4 (1개)	6 (1개)	…

→ 함수(○)

- 자연수 x보다 작은 자연수 y

x	…	3 (1개)	4 (1개)	…
y	…	1, 2 (2개)	1, 2, 3 (3개)	…

→ 함수(×)

01 다음 표의 빈칸을 채우고, 함수인 것에는 ○표, 함수가 아닌 것에는 ×표 하여라.

(1) 자연수 x를 3배 한 값 y　　　(　　)

x	1	2	3	4	…
y	3			12	…

(2) 자연수 x의 약수 y　　　(　　)

x	1	2	3	4	5	…
y	1	1, 2			1, 5	…

(3) 1개에 200원 하는 지우개 x개의 가격 y원　　　(　　)

x(개)	1	2	3	4	…
y(원)	200		600		…

(4) 가로가 x cm, 세로가 y cm인 직사각형의 넓이 24 cm²　　　(　　)

x(cm)	1	2	3	4	…
y(cm)		12		6	…

(5) 자연수 x보다 작은 소수 y　　　(　　)

x	1	2	3	4	…
y	없다			2, 3	…

(6) 정수 x의 절댓값 y　　　(　　)

x	…	−1	0	1	2	…
y	…	1				…

• y가 x에 정비례할 때, 즉 $y=ax\ (a\neq0)$이면 y는 x의 함수이다.

x	1	2	3	4	$\cdots$
y	2	4	6	8	$\cdots$

→ x와 y 사이의 관계식 : $y=2x$

02 다음 표의 빈칸을 채우고, x와 y 사이의 관계식을 구하여라.

(1) 자연수 x를 $\dfrac{1}{2}$배 한 값 y

x	1	2	3	4	$\cdots$
y	$\dfrac{1}{2}$			2	$\cdots$

(2) 가로가 x cm, 세로가 5 cm인 직사각형의 넓이 y cm^2

x	1	2	3	4	$\cdots$
y					$\cdots$

(3) 강아지 x마리의 다리의 개수 y개

x	1	2	3	4	$\cdots$
y					$\cdots$

(4) 하루 동안 책 10쪽을 읽는 지원이가 x일 동안 읽은 쪽수 y쪽

x(일)	1	2	3	4	$\cdots$
y(쪽)					$\cdots$

• y가 x에 반비례할 때, 즉 $y=\dfrac{a}{x}\ (a\neq0)$이면 y는 x의 함수이다.

x	1	2	3	6	$\cdots$
y	6	3	2	1	$\cdots$

→ x와 y 사이의 관계식 : $y=\dfrac{6}{x}$

03 다음 표의 빈칸을 채우고, x와 y 사이의 관계식을 구하여라.

(1) 240 L의 물을 담을 수 있는 물통에 매분 x L씩 물을 넣을 때, 가득 채우는 데 걸리는 시간 y분

x	1	2	3	4	$\cdots$
y					$\cdots$

(2) 180 g의 약을 x g씩 나눈 봉지 y개

x	1	2	3	4	$\cdots$
y					$\cdots$

(3) 넓이가 16 cm^{2}인 직사각형의 가로의 길이 x cm, 세로의 길이 y cm

x	1	2	3	4	$\cdots$
y					$\cdots$

도전! 100점

04 다음 중 y가 x의 함수가 <u>아닌</u> 것은?

① $y=x$

② $y=-3x-5$

③ $y=\dfrac{2}{x}$

④ $y=$ (자연수 x와 6의 최대공약수)

⑤ $y=$ (자연수 x와 4의 공배수)

함숫값 : 함수 $y=f(x)$에서 x의 값에 따라 하나로 정해지는 **y의 값을 x의 함숫값**이라 한다.

함수 $y=f(x)$에서 $f(a)$는 $f(x)$에 $x=a$를 대입하여 얻은 값

예 $f(x)=3x$에 $x=2$를 대입하여 얻은 값인 $f(2)=3\times2=$ ☐

유형 **함숫값 구하기**

• $f(x) \xrightarrow[\text{대입}]{x=1} f(1)$

$f(x)=2x \xrightarrow[\text{대입}]{x=1} f(\mathbf{1})=2\times\mathbf{1}=2$

01 함수 $f(x)=3x$일 때, 다음 함숫값을 구하여라.

(1) $f(1)$

(2) $f(2)$

(3) $f(0)$

(4) $f(-1)$

(5) $f(-4)$

(6) $f\left(\dfrac{1}{3}\right)$

(7) $f\left(-\dfrac{5}{6}\right)$

(8) $f(2)+f(3)$

02 함수 $f(x)=\dfrac{6}{x}$일 때, 다음 함숫값을 구하여라.

(1) $f(2)$

(2) $f(3)$

(3) $f(-1)$

(4) $f(-6)$

(5) $f(4)$

03 다음과 같은 함수 $y=f(x)$에 대하여 $f(2)$의 값을 구하여라.

(1) $y=-\dfrac{1}{2}x$

(2) $y=4x$

(3) $y=-\dfrac{2}{x}$

(4) $y=\dfrac{4}{x}$

(5) $y=-6x-7$

(6) $y=3x+1$

• 함수 $f(x)=ax$ 에 대하여 $f(2)=4$ 일 때

$$f(x)=ax \xrightarrow[\text{대입}]{x=2} f(2)=a\times 2=4 \quad \therefore a=2$$

04 함수 $f(x)=ax$ 에 대하여 다음을 만족하는 상수 a 의 값을 구하여라.

(1) $f(2)=6$

(2) $f(-1)=3$

(3) $f\left(\dfrac{1}{2}\right)=-2$

(4) $f(-3)=-15$

(5) $f(1)+f(4)=10$

05 함수 $f(x)=ax$ 에 대하여 다음을 만족하는 함숫값을 구하여라. (단, $a\neq 0$)

(1) $f(-2)=6$ 일 때, $f(3)$ 의 값

(2) $f(-3)=-12$ 일 때, $f(2)$ 의 값

(3) $f(2)=1$ 일 때, $f(5)$ 의 값

(4) $f(3)=-2$ 일 때, $f(-2)$ 의 값

(5) $f(4)=8$ 일 때, $f(b)=6$ 일 때, b 의 값

06 함수 $f(x)=\dfrac{a}{x}$ 에 대하여 다음을 만족하는 함숫값을 구하여라. (단, a 는 상수)

(1) $f(2)=3$ 일 때, $f(1)$ 의 값

(2) $f(3)=-8$ 일 때, $f(6)$ 의 값

(3) $f(-2)=6$ 일 때, $f(-3)$ 의 값

(4) $f(-4)=-5$ 일 때, $f(10)$ 의 값

(5) $f\left(\dfrac{1}{2}\right)=2$ 일 때, $f(3)$ 의 값

(6) $f(7)=4$, $f(b)=14$ 일 때, b 의 값

도전! 100점

07 함수 $f(x)=3x$, $g(x)=\dfrac{6}{x}$ 에 대하여 $f(2)=a$, $g(b)=2$ 일 때 $f(b)+g(a)$ 의 값은?

① 6 ② 8 ③ 10

④ 12 ⑤ 15

(1) 일차함수의 뜻

함수 $y=f(x)$에서 y가 x에 관한 일차식

$$y=ax+b\ (a,\ b\text{는 상수},\ a\neq0)$$

로 나타내어질 때, 이 함수를 x에 관한 **일차함수**라고 한다.

예 함수 $y=2x+1$, $y=-3x+1$, $y=6x$는 모두 우변이

일차식이므로 (일차함수이다, 일차함수가 아니다).

> **참고**
> $a\neq0$일 때,
> ① $ax+b$: 일차식
> ② $ax+b=0$: 일차방정식
> ③ $ax+b>0$: 일차부등식
> ④ $y=ax+b$: 일차함수

(2) 함숫값

함수 $y=f(x)$에 대하여 $x=a$일 때, y의 값 ➡ $f(a)$

예 일차함수 $f(x)=3x+1$에 대하여

$$f(1)=3\times1+1=\boxed{},\ f(-1)=3\times(-1)+1=\boxed{}$$

유형 일차함수의 뜻

- 일차함수인 경우
  ➡ $y=2x+3$, $y=\dfrac{x}{4}+5$
- 일차함수가 아닌 경우
  ➡ $y=x^2+2+1$, $y=\dfrac{1}{x}+2$
  (이차식)   (분모)

01 다음 중 일차함수인 것은 ○표, 아닌 것은 ×표 하여라.

(1) $y=2x$ (   )

(2) $2x-y+7=0$ (   )

(3) $y=x^2-1$ (   )

(4) $y=\dfrac{x+5}{4}$ (   )

(5) $y=\dfrac{3}{x}+5$ (   )

유형 x와 y 사이의 관계식

- 1000원짜리 샤프 x자루와 400원짜리 지우개 한 개
        1000x(원) 400×1(원)
  의 값은 y원
  ➡ $y=1000x+400$: 일차함수이다.
- 한 변의 길이가 $x\,\text{cm}$인 정사각형의 넓이는 $y\,\text{cm}^2$
  ➡ $y=x^2$: 일차함수가 아니다.

02 y를 x에 관한 식으로 나타내고 일차함수인 것은 ○표, 아닌 것은 ×표 하여라.

(1) 둘레의 길이가 20 cm이고 가로의 길이가 x cm인 직사각형의 세로의 길이는 y cm이다.   (   )

(2) 넓이가 20 cm²이고 밑변의 길이가 x cm인 삼각형의 높이는 y cm이다.   (   )

(3) 사과 100개를 x명에게 3개씩 나누어 주었더니 사과 y개가 남았다.   (   )

(4) 자동차가 시속 x km로 2시간 동안 달린 거리는 y km이다.   (   )

$\cdot f(x)=2x-1 \xrightarrow[\text{대입}]{x=3} f(3)=2 \times 3-1=5$

$\xrightarrow[\text{대입}]{x=-2} f(-2)=2 \times (-2)-1$
$\qquad\qquad\qquad = -5$

03 일차함수 $y=f(x)$에서 $y=-2x+3$일 때, 다음 값을 구하여라.

(1) $f(1)$

(2) $f(0)$

(3) $f(-1)$

(4) $f\left(\dfrac{1}{2}\right)$

(5) $f(2)+f(3)$

04 일차함수 $y=f(x)$에서 $y=\dfrac{1}{3}x-4$일 때, 다음 값을 구하여라.

(1) $f(3)$

(2) $f(0)$

(3) $f(-3)$

(4) $f\left(-\dfrac{3}{5}\right)$

$\cdot f(x)=2x-1,\ f(a)=3$일 때,

$f(x)=2x-1 \xrightarrow[\text{대입}]{x=a} f(a)=2a-1=3$
$\qquad\qquad\qquad\qquad \therefore a=2$

05 일차함수 $y=f(x)$에서 $y=5x-2$일 때, a의 값을 구하여라.

(1) $f(a)=-2$

(2) $f(a)=13$

(3) $f(a)=-7$

(4) $f(a)=-12$

도전! 100점

06 다음 중 일차함수를 모두 고르면? (정답 2개)

① $y=\dfrac{x}{4}$ ② $y=\dfrac{2}{x}$

③ $y=3x(x-1)$ ④ $y=x(x+6)-x^2$

⑤ $y=(4x+2)-4x$

07 일차함수 $y=f(x)$에서 $f(x)=3x-5$일 때, $f(3)-f(-1)$의 값은?

① -8 ② -4 ③ 4

④ 8 ⑤ 12

(1) **함수 $y=ax(a\neq 0)$의 그래프** : 원점을 지나는 직선

(2) **함수 $y=ax(a\neq 0)$의 그래프의 성질**

① $a>0$일 때 : 오른쪽 위로 향하는 직선이다.

　　　　　제1사분면과 제3사분면을 지난다.

　　　　　x의 값이 증가하면 y의 값도 증가한다.

② $a<0$일 때 : 오른쪽 아래로 향하는 직선이다.

　　　　　제2사분면과 제4사분면을 지난다.

　　　　　x의 값이 증가하면 y의 값은 감소한다.

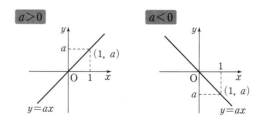

예 $a>0$일 때, 함수 $y=ax$의 그래프는 오른쪽 위로 향하는 직선이고 제1사분면과 제 $\boxed{}$ 사분면

을 지난다. 또, x의 값이 증가하면 y의 값도 (감소, 증가)한다.

참고 $y=ax\,(a\neq 0)$에서 a의 절댓값이 클수록 그래프는 y축에 가깝다.

유형 일차함수 $y=ax(a\neq 0)$의 그래프

• x의 값에 따른 $y=x$의 그래프

① $-2,\ -1,\ 0,\ 1,\ 2$　　② 수 전체

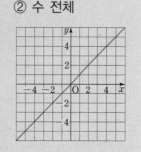

01 함수 $y=3x$에서 x의 값이 $-2,\ -1,\ 0,\ 1,\ 2$ 일 때, 대응표를 완성하고 그래프를 그려라.

x	-2	-1	0	1	2
y	-6		0	3	

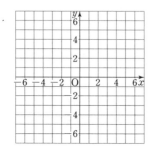

02 함수 $y=-2x$에서 x의 값이 다음과 같을 때, 대응표를 완성하고 그래프를 그려라.

(1) $x=-2,\ -1,\ 0,\ 1,\ 2$

x	-2	-1	0	1	2
y	4		0	-2	

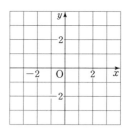

(2) 수전체

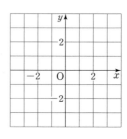

유형 $a > 0$일 때, $y = ax$의 그래프의 성질

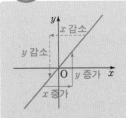

① 오른쪽 위로 향하는 직선이다.

② 제1사분면과 제3사분면을 지난다.

③ 원점 $(0, 0)$을 지난다.

④ x의 값이 증가 → y의 값도 증가

 x의 값이 감소 → y의 값도 감소

03 다음 중 설명이 옳은 것은 ○표, 옳지 않은 것은 ✕표 하여라.

(1) $y = 3x$의 그래프는 원점을 지난다. (　　)

(2) $y = \dfrac{1}{3}x$의 그래프는 오른쪽 위로 향하는 직선이다. (　　)

(3) $y = 5x$의 그래프는 제2사분면을 지난다. (　　)

(4) $y = \dfrac{1}{4}x$의 그래프는 제1사분면을 지난다. (　　)

(5) $y = 6x$의 그래프는 x의 값이 증가하면 y의 값도 증가한다. (　　)

(6) $y = \dfrac{1}{5}x$의 그래프는 x의 값이 증가하면 y의 값은 감소한다. (　　)

유형 $a < 0$일 때, $y = ax$의 그래프의 성질

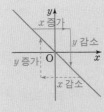

① 오른쪽 아래로 향하는 직선이다.

② 제2사분면과 제4사분면을 지난다.

③ 원점 $(0, 0)$을 지난다.

④ x의 값 증가 → y의 값 감소

 x의 값 감소 → y의 값 증가

04 옳은 것에 ○표 하여라.

(1) $y = -\dfrac{1}{2}x$의 그래프는 원점을 지난다.

(　　)

(2) $y = -x$의 그래프는 제2사분면 지난다.

(　　)

(3) $y = -\dfrac{1}{3}x$의 그래프는 오른쪽 위로 향하는 직선이다. (　　)

(4) $y = -5x$의 그래프는 x의 값이 증가하면 y의 값은 감소한다. (　　)

(5) $y = -\dfrac{1}{4}x$의 그래프는 x의 값이 감소하면 y의 값도 감소한다. (　　)

(6) $y = -3x$의 그래프는 $y = -4x$의 그래프보다 y축에 더 가깝다. (　　)

• 함수 $y=ax$의 그래프가 점 $(-2, 4)$를 지날 때,

$$y=ax \xrightarrow[\text{대입}]{x=-2,\ y=4} 4=a\times(-2) \therefore a=-2$$

05 함수 $y=ax\,(a\neq0)$의 그래프가 다음 점을 지날 때, a의 값을 구하여라.

(1) $(2, 1)$

(2) $(3, 4)$

(3) $(2, -6)$

(4) $(5, -10)$

(5) $(-1, 5)$

(6) $(-2, 7)$

(7) $(-4, -5)$

(8) $(-2, -9)$

(9) $\left(\dfrac{1}{2}, -5\right)$

(10) $\left(-2, -\dfrac{1}{4}\right)$

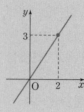

① 원점을 지나는 직선 $\longrightarrow y=ax$

② $(2, 3)$을 지나므로 $x=2,\ y=3$

대입 $\longrightarrow 3=a\times2 \quad \therefore a=\dfrac{3}{2}$

③ 구하는 함수의 식 $\longrightarrow y=\dfrac{3}{2}x$

06 다음 그래프가 나타내는 함수의 식을 구하여라.

(1)

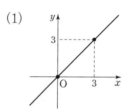

(2)

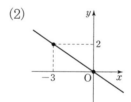

(3)

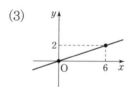

(4)

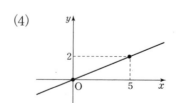

(5)

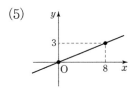

(6)

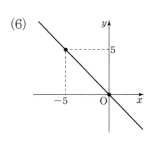

(7)

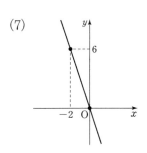

(8)

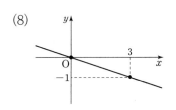

함수 $y=ax(a\neq0)$의 그래프는
(1) a에 관계없이 항상 원점과 $(1, a)$를 지난다.
(2) a의 절댓값이 클수록 y축에 가깝다.

07 다음 일차함수 $y=ax$의 그래프 중에서 아래 |보기|의 식과 어울리는 짝을 찾아 써라.

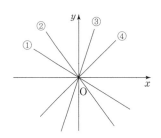

┤ 보기 ├

ㄱ $y=-3x$ ㄴ $y=\dfrac{4}{3}x$

ㄷ $y=5x$ ㄹ $y=-\dfrac{5}{4}x$

① (   ) ② (   ) ③ (   ) ④ (   )

도전! 100점

08 오른쪽 그래프가 점 $(-6, b)$
를 지날 때, b의 값은?

① -3 ② -2
③ -1 ④ 1
⑤ 3

일차함수 $y=ax+b \, (a \neq 0)$의 그래프와 평행이동

(1) **평행이동** : 한 도형을 일정한 방향으로 일정한 거리만큼 옮기는 것

(2) **일차함수 $y=ax+b$의 그래프**

일차함수 $y=ax+b$의 그래프는 일차함수 $y=ax$의 그래프를 y축의 방향으로 b만큼 평행이동한 직선이다.

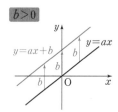

예 $y=2x+3$의 그래프는 $y=2x$의 그래프를 ☐축의 양의 방향으로 ☐만큼 평행이동한 직선이다.

$y=2x-3$의 그래프는 $y=2x$의 그래프를 ☐축의 음의 방향으로 ☐만큼 평행이동한 직선이다.

 표를 이용한 $y=ax+b \, (a \neq 0)$의 그래프

x	$\cdots$	-2	-1	0	1	2	$\cdots$
$y=x$	$\cdots$	-2	-1	0	1	2	$\cdots$
$y=x+3$	$\cdots$	1	2	3	4	5	$\cdots$

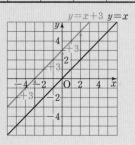

01 다음은 일차함수 $y=ax+b$의 그래프를 그리는 과정이다. 표를 완성하고, 좌표평면 위에 그래프를 그려라.

(1) $y=-x+4$

x	$\cdots$	-2	-1	0	1	2	$\cdots$
$y=-x$	$\cdots$	2	1	0	-1	-2	$\cdots$
$y=-x+4$	$\cdots$						$\cdots$

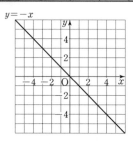

(2) $y=2x-3$

x	$\cdots$	-2	-1	0	1	2	$\cdots$
$y=2x$	$\cdots$	-4	-2	0	2	4	$\cdots$
$y=2x-3$	$\cdots$						$\cdots$

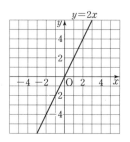

(3) $y=-2x+2$

x	$\cdots$	-2	-1	0	1	2	$\cdots$
$y=-2x$	$\cdots$	4	2	0	-2	-4	$\cdots$
$y=-2x+2$	$\cdots$						$\cdots$

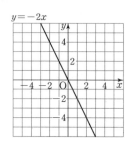

y축의 방향으로 b만큼 평행이동

$$\cdot\, y = 7x \xrightarrow[\substack{-8만큼\ 평행이동}]{\substack{y축의\ 방향으로}} y = 7x - 8$$

02 다음 일차함수의 그래프는 $y = \dfrac{5}{6}x$의 그래프를 y축의 방향으로 얼마만큼 평행이동한 것인지 구하여라.

(1) $y = \dfrac{5}{6}x + 2$

(2) $y = \dfrac{5}{6}x - 3$

(3) $y = \dfrac{5}{6}x + \dfrac{5}{6}$

(4) $y = \dfrac{5}{6}x - \dfrac{6}{5}$

03 다음 일차함수의 그래프는 $y = -\dfrac{3}{8}x$의 그래프를 y축의 방향으로 얼마만큼 평행이동한 것인지 구하여라.

(1) $y = -\dfrac{3}{8}x + 7$

(2) $y = -\dfrac{3}{8}x - 6$

(3) $y = -\dfrac{3}{8}x + \dfrac{8}{9}$

(4) $y = -\dfrac{3}{8}x - \dfrac{2}{3}$

04 다음 일차함수의 그래프를 y축의 방향으로 [ ] 안의 수만큼 평행이동한 그래프가 나타내는 일차함수의 식을 구하여라.

(1) $y = 3x$ [1]

(2) $y = 5x$ [2]

(3) $y = \dfrac{1}{3}x$ [-5]

(4) $y = -4x$ [7]

(5) $y = -2x$ [8]

(6) $y = -\dfrac{1}{2}x$ $\left[-\dfrac{1}{3} \right]$

(7) $y = -x + 1$ [9]

(8) $y = -\dfrac{3}{4}x - 1$ [-2]

도전! 100점

05 일차함수 $y = -x + 6$의 그래프를 y축의 방향으로 -3만큼 평행이동하였더니 $y = ax + b$의 그래프가 되었다. 이때, 상수 a, b에 대하여 $a - b$의 값은?

① -4 ② -3 ③ -1

④ 2 ⑤ 5

(1) x절편 : 함수의 그래프가 x축과 만나는 점의 x좌표

　　➡ $y=0$일 때, x의 값

(2) y절편 : 함수의 그래프가 y축과 만나는 점의 y좌표

　　➡ $x=0$일 때, y의 값

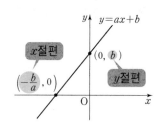

예 일차함수 $y=2x-2$의 그래프에서

┌ $y=0$을 대입하면 $0=2x-2$이므로 x절편은 ☐ 이다.

└ $x=0$을 대입하면 $y=0-2$이므로 y절편은 ☐ 이다.

유형 **그래프를 보고 x절편, y절편 구하기**

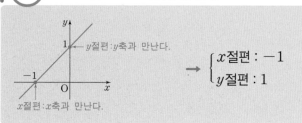

01 다음 일차함수의 그래프의 x절편과 y절편을 각각 구하여라.

(1)
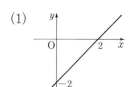

(2)
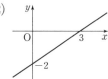

(3)
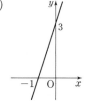

(4)
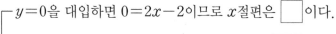

(5)
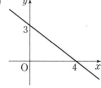

(6)
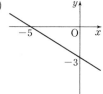

(7)
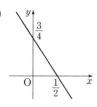

$$\cdot y = 2x + 8 \xrightarrow[\text{대입}]{y=0} 0 = 2x + 8 \quad \therefore x = -4$$
$$\rightarrow x\text{절편} : -4$$
$$\xrightarrow[\text{대입}]{x=0} y = 2 \times 0 + 8 \quad \therefore y = 8$$
$$\rightarrow y\text{절편} : 8$$

02 다음 일차함수의 그래프의 x절편과 y절편을 각각 구하여라.

(1) $y = 3x - 6$

(2) $y = 6x - 2$

(3) $y = \dfrac{3}{4}x + \dfrac{1}{4}$

(4) $y = -\dfrac{1}{2}x + 1$

(5) $y = -\dfrac{3}{2}x - 6$

(6) $y = \dfrac{6}{7} + \dfrac{6}{7}x$

(7) $y = 2 - x$

(8) $y = 15 - 5x$

$\cdot y = x + a$의 그래프의 x절편이 2일 때,
$$\underset{\hookrightarrow (2, 0)}{}$$
$$y = x + a \xrightarrow[\text{대입}]{x=2, \, y=0} 0 = 2 + a \quad \therefore a = -2$$

$\cdot y = 2x + b$의 그래프의 y절편이 3일 때,
$$\underset{\hookrightarrow (0, 3)}{}$$
$$y = 2x + b \xrightarrow[\text{대입}]{x=0, \, y=3} 3 = 0 + b \quad \therefore b = 3$$

03 다음 조건을 만족하는 a의 값을 구하여라.

(1) $y = 2x + a$의 그래프의 x절편이 1

(2) $y = 3x + a$의 그래프의 y절편이 4

(3) $y = \dfrac{4}{3}x + a$의 그래프의 x절편이 6

(4) $y = \dfrac{1}{2}x + a$의 그래프의 y절편이 $\dfrac{2}{3}$

(5) $y = ax + 2$의 그래프의 x절편이 1

도전! 100점

04 일차함수 $y = \dfrac{2}{3}x - k$의 그래프의 x절편이 9일 때, y절편은? (단, k는 상수)

① -6 ② 1 ③ 3

④ 4 ⑤ 6

(1) **기울기** : 일차함수 $y=ax+b\,(a\neq0)$의 그래프에서 x의 값의 증가량에 대한 y의 값의 증가량의 비율 a, 즉

$$(기울기)=\frac{(y의\ 값의\ 증가량)}{(x의\ 값의\ 증가량)}=a$$

> 예 일차함수 $y=5x+4$의 그래프에서 기울기는 ☐ 이다.

(2) **두 점을 지나는 일차함수의 그래프의 기울기**

서로 다른 두 점 $(x_1,\ y_1),\ (x_2,\ y_2)$를 지나는 일차함수의 그래프의 기울기

$$(기울기)=\frac{(y의\ 값의\ 증가량)}{(x의\ 값의\ 증가량)}=\frac{y_1-y_2}{x_1-x_2}\ \text{또는}\ \frac{y_2-y_1}{x_2-x_1}$$

유형 **그래프를 보고 기울기 구하기**

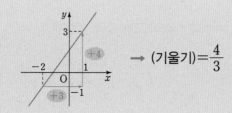 → $(기울기)=\dfrac{4}{3}$

01 다음 일차함수의 그래프의 기울기를 구하여라.

(1)
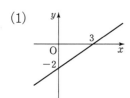

(2)

(3)

(4)
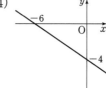

(5)

(6)
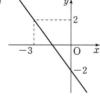

(7)
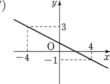

• $y=3x+1$에서 x의 값의 증가량이 2일 때

   ➡ y의 값의 증가량 : $\Box$

(기울기)$=\dfrac{(y\text{의 값의 증가량})}{(x\text{의 값의 증가량})}$ ➡ $3=\dfrac{\Box}{2}$

   $\therefore \Box=6$

02 $\Box$ 안에 알맞은 수를 써넣어라.

(1) $y=x$에서 x의 값의 증가량이 3일 때

   ➡ y의 값의 증가량 : $\boxed{}$

(2) $y=\dfrac{3}{5}x+4$에서 x의 값의 증가량이 5일 때

   ➡ y의 값의 증가량 : $\boxed{}$

(3) $y=-x$에서 x의 값의 증가량이 -2일 때

   ➡ y의 값의 증가량 : $\boxed{}$

(4) $y=-2x-3$에서 x의 값의 증가량이 -1일 때

   ➡ y의 값의 증가량 : $\boxed{}$

(5) $y=\dfrac{2}{3}x-1$에서 y의 값의 증가량이 2일 때

   ➡ x의 값의 증가량 : $\boxed{}$

(6) $y=-\dfrac{1}{5}x+5$에서 y의 값의 증가량이 2일 때

   ➡ x의 값의 증가량 : $\boxed{}$

• 두 점을 지나는 일차함수의 그래프의 기울기

$(1, 2), (3, 4)$ ➡ (기울기)$=\dfrac{2-4}{1-3}=1$

03 다음 두 점을 지나는 일차함수의 그래프의 기울기를 구하여라.

(1) $(2, 0), (0, -5)$

(2) $(2, -1), (10, 7)$

(3) $(-3, 2), (1, 10)$

(4) $(-1, 3), (-3, 6)$

(5) $(3, -1), (-1, 3)$

(6) $(-2, -3), (-3, -2)$

도전! 100점

04 두 점 $(-1, 12), (3, 8)$을 지나는 일차함수의 그래프의 기울기는?

① -1 ② 1 ③ $\dfrac{1}{2}$

④ $\dfrac{5}{3}$ ⑤ 3

(1) 두 점을 이용하여 그래프 그리기

두 점의 좌표를 좌표평면 위에 나타내고 직선으로 연결한다.

(2) x절편과 y절편을 이용하여 그래프 그리기

x절편과 y절편을 좌표평면 위에 나타내고 직선으로 연결한다.

(3) 기울기와 y절편을 이용하여 그래프 그리기

① y절편을 좌표평면 위에 나타낸다.

② 기울기와 y절편을 이용하여 다른 한 점을 찾아 직선으로 연결한다.

유형 　두 점을 이용하여 그래프 그리기

$$\bullet \, y = -x + 4 \quad \xrightarrow[\text{대입}]{x=0} \quad y = 4 \longrightarrow (0, 4)$$
$$\xrightarrow[\text{대입}]{x=3} \quad y = 1 \longrightarrow (3, 1)$$

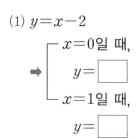

01 다음 □ 안에 알맞은 수를 써넣고, 일차함수의 그래프를 그려라.

(1) $y = x - 2$

$$\Rightarrow \quad \begin{array}{l} x = 0 \text{일 때,} \\ y = \boxed{} \\ x = 1 \text{일 때,} \\ y = \boxed{} \end{array}$$

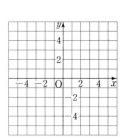

(2) $y = 2x - 1$

$$\Rightarrow \quad \begin{array}{l} x = 1 \text{일 때,} \\ y = \boxed{} \\ x = 3 \text{일 때,} \\ y = \boxed{} \end{array}$$

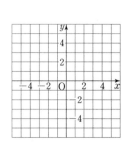

(3) $y = \dfrac{2}{3}x - 2$

$$\Rightarrow \quad \begin{array}{l} x = 6 \text{일 때,} \\ y = \boxed{} \\ x = -3 \text{일 때,} \\ y = \boxed{} \end{array}$$

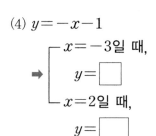

(4) $y = -x - 1$

$$\Rightarrow \quad \begin{array}{l} x = -3 \text{일 때,} \\ y = \boxed{} \\ x = 2 \text{일 때,} \\ y = \boxed{} \end{array}$$

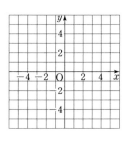

(5) $y = -2x + 3$

$$\Rightarrow \quad \begin{array}{l} x = -1 \text{일 때,} \\ y = \boxed{} \\ x = 3 \text{일 때,} \\ y = \boxed{} \end{array}$$

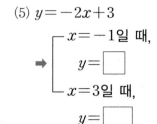
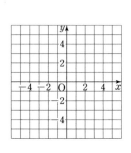

02 다음 □ 안에 알맞은 수를 써넣고, 일차함수의 그래프를 그려라.

(1) $y=2x+1$

→ 두 점 $(0, \boxed{})$,

$(1, \boxed{})$을

지난다.

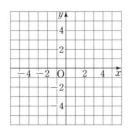

(2) $y=2x-3$

→ 두 점 $(-1, \boxed{})$,

$(2, \boxed{})$을

지난다.

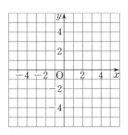

(3) $y=-x+2$

→ 두 점 $(1, \boxed{})$,

$(2, \boxed{})$을

지난다.

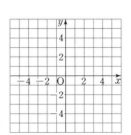

(4) $y=-3x+2$

→ 두 점 $(-1, \boxed{})$,

$(1, \boxed{})$을

지난다.

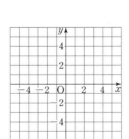

(5) $y=-3x-1$

→ 두 점 $(-1, \boxed{})$,

$(1, \boxed{})$를

지난다.

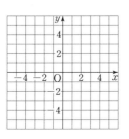

유형 x절편, y절편을 이용하여 그래프 그리기

• $y=2x+4$의 x절편, y절편 이용하기

① x절편 : -2 ⟶ $(-2, 0)$

② y절편 : 4 ⟶ $(0, 4)$

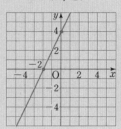

03 x절편과 y절편이 다음과 같을 때, 일차함수의 그래프를 그려라.

(1) ⎡ x절편 : 2
⎣ y절편 : -4

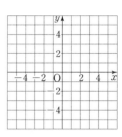

(2) ⎡ x절편 : -2
⎣ y절편 : 1

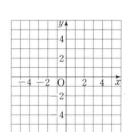

(3) ⎡ x절편 : -2
⎣ y절편 : -4

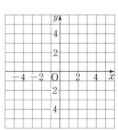

(4) ⎡ x절편 : -5
⎣ y절편 : $-\dfrac{5}{2}$

유형 x절편과 y절편을 구한 후 그래프 그리기

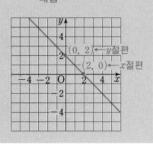

• $y=-x+2$ $\xrightarrow[\text{대입}]{y=0}$ x절편 : 2 → $(2, 0)$

$\xrightarrow[\text{대입}]{x=0}$ y절편 : 2 → $(0, 2)$

유형 기울기와 y절편을 이용하여 그래프 그리기

• $y=\dfrac{2}{3}x-1$의 기울기와 y절편 이용하기

① y절편 : -1 ② 기울기 : $\dfrac{2}{3}$

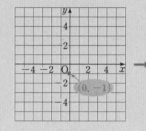 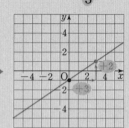

04 x절편과 y절편을 각각 구한 후, 일차함수의 그래프를 그려라.

(1) $y=3x-3$

➡ ⎡ x절편 :
  ⎣ y절편 :

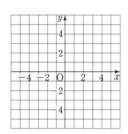

(2) $y=\dfrac{1}{2}x-2$

➡ ⎡ x절편 :
  ⎣ y절편 :

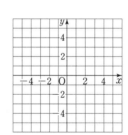

(3) $y=-x+3$

➡ ⎡ x절편 :
  ⎣ y절편 :

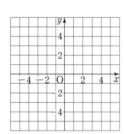

(4) $y=-\dfrac{1}{4}x+1$

➡ ⎡ x절편 :
  ⎣ y절편 :

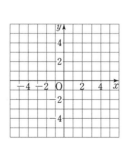

05 기울기와 y절편이 다음과 같을 때, 일차함수의 그래프를 그려라.

(1) ⎡ 기울기 : $\dfrac{2}{3}$
   ⎣ y절편 : 2

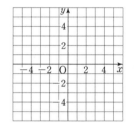

(2) ⎡ 기울기 : $\dfrac{4}{3}$
   ⎣ y절편 : -4

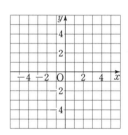

(3) ⎡ 기울기 : $-\dfrac{1}{3}$
   ⎣ y절편 : -1

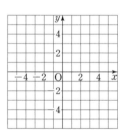

(4) ⎡ 기울기 : $-\dfrac{2}{3}$
   ⎣ y절편 : 3

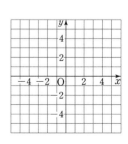

유형 **기울기와 y절편을 구한 후 그래프 그리기**

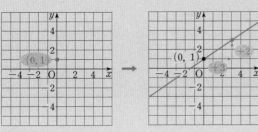

$\cdot\ y=\dfrac{2}{3}x+1 \rightarrow \begin{cases} \text{기울기}: \dfrac{2}{3} \\ y\text{절편}: 1 \end{cases}$

① y절편 : 1 ② 기울기 : $\dfrac{2}{3}$

06 기울기와 y절편을 각각 구한 후, 일차함수의 그래프를 그려라.

(1) $y=\dfrac{2}{3}x-2$

➡ $\begin{cases} \text{기울기} : \\ y\text{절편} : \end{cases}$

(2) $y=\dfrac{5}{4}x+5$

➡ $\begin{cases} \text{기울기} : \\ y\text{절편} : \end{cases}$

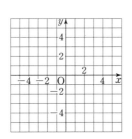

(3) $y=-\dfrac{1}{3}x+1$

➡ $\begin{cases} \text{기울기} : \\ y\text{절편} : \end{cases}$

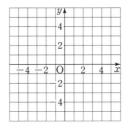

(4) $y=-\dfrac{3}{2}x+3$

➡ $\begin{cases} \text{기울기} : \\ y\text{절편} : \end{cases}$

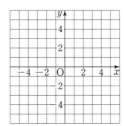

(5) $y=-\dfrac{5}{3}x-5$

➡ $\begin{cases} \text{기울기} : \\ y\text{절편} : \end{cases}$

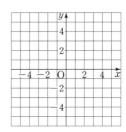

도전! 100점

07 다음 중 일차함수 $y=-\dfrac{2}{3}x+2$의 그래프는?

①

②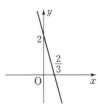

③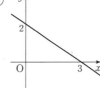

④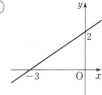

⑤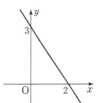

일차함수 $y=ax+b\,(a\neq0)$의 그래프의 성질

(1) 일차함수 $y=ax+b\,(a\neq0)$의 그래프의 성질

	$a>0$	$a<0$
그래프	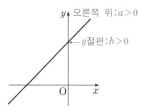	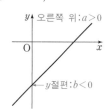
그래프의 모양	오른쪽 **위**로 향하는 직선	오른쪽 **아래**로 향하는 직선
증가·감소	x의 값이 **증가**하면 y의 값도 **증가**한다.	x의 값이 **증가**하면 y의 값은 **감소**한다.
기울기	a의 절댓값이 클수록 그래프는 y축에 가까워진다.	

(2) 일차함수 $y=ax+b\,(a\neq0)$의 그래프의 모양

① $a>0,\ b>0$ ② $a>0,\ b<0$ ③ $a<0,\ b>0$ ④ $a<0,\ b<0$

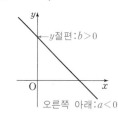

예 $y=-2x+1$의 그래프는 (기울기)<0, (y절편)>0이므로 제 ☐, ☐, ☐ 사분면을 지난다.

(유형) **일차함수 $y=ax+b$의 그래프의 성질**

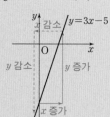

- $y=3x-5$에서

① 기울기 : 3 $(a>0)$
→ 오른쪽 위로 향하는 직선

② x의 값이 증가
→ y의 값도 증가

③ x의 값이 감소
→ y의 값도 감소

01 다음 일차함수를 보고 알맞은 것에 ○표 하여라.

(1) $y=6x+4$

① 기울기 : 6 ➡ 오른쪽 (위, 아래)로 향하는 직선

② x의 값이 증가 ➡ y의 값이 (증가, 감소)

(2) $y=2x-7$

① 기울기 : 2 ➡ 오른쪽 (위, 아래)로 향하는 직선

② x의 값이 감소 ➡ y의 값이 (증가, 감소)

(3) $y=-5x+12$

① 기울기 : -5 ➡ 오른쪽 (위, 아래)로 향하는 직선

② x의 값이 증가 ➡ y의 값이 (증가, 감소)

(4) $y=-\dfrac{1}{2}x-6$

① 기울기 : $-\dfrac{1}{2}$ ➡ 오른쪽 (위, 아래)로 향하는 직선

② x의 값이 감소 ➡ y의 값이 (증가, 감소)

02 다음 |보기|의 직선을 보고, 물음에 답하여라.

┌─ 보기 ┐
　㉠ $y=-\dfrac{2}{3}x$　　　　㉡ $y=2x-6$

　㉢ $y=\dfrac{1}{4}x-8$　　　㉣ $y=-5x-3$

　㉤ $y=x+1$　　　　　㉥ $y=2x$
└─────────────────┘

(1) 오른쪽 위로 향하는 직선

(2) x의 값이 증가할 때, y의 값도 증가하는 직선

(3) x의 값이 증가할 때, y의 값은 감소하는 직선

유형 a, b의 부호와 $y=ax+b$의 그래프의 모양

• $y=ax+b$에서
(1) 그래프의 모양
① $a>0$　　② $a<0$
(2) y절편의 위치
① $b>0$　　② $b<0$

03 일차함수 $y=ax+b$의 그래프가 다음과 같을 때, a, b의 부호를 각각 구하여라.

(1)

(2)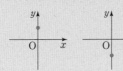

(3)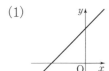

(4)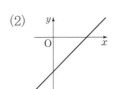

04 상수 a, b의 부호가 다음과 같을 때, 일차함수 $y=ax+b$의 그래프를 그려라.

(1) $a>0$, $b>0$　➡　

(2) $a>0$, $b<0$　➡　

(3) $a<0$, $b>0$　➡　

(4) $a<0$, $b<0$　➡　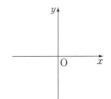

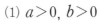
도전! 100점

05 다음 일차함수 중 그 그래프가 y축과 가장 가까운 것은?

① $y=\dfrac{3}{2}x-1$　　　② $y=\dfrac{1}{3}x-2$

③ $y=-\dfrac{8}{3}x-1$　　④ $y=-\dfrac{3}{4}x-5$

⑤ $y=-5x+2$

두 일차함수 $y=ax+b$와 $y=a'x+b'$에서

(1) 평행

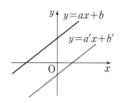

① 기울기 : 같다. $(a=a')$

② y절편 : 다르다. $(b \neq b')$

(2) 일치

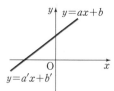

① 기울기 : 같다. $(a=a')$

② y절편 : 같다. $(b=b')$

예 $y=2x+1$과 $y=2x+3$은 기울기가 같고, y절편이 다르므로 (평행하다, 일치한다).

유형 **두 일차함수의 그래프의 평행과 일치**

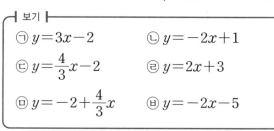

01 다음 두 일차함수의 그래프가 평행한지, 일치하는지를 말하여라.

(1) $y=-5x+7$, $y=-5x+7$

(2) $y=\dfrac{4}{7}x+\dfrac{1}{2}$, $y=\dfrac{4}{7}x+\dfrac{1}{2}$

(3) $y=8x-12$, $y=8x-4$

(4) $y=-\dfrac{5}{3}x+\dfrac{3}{2}$, $y=-\dfrac{5}{3}x+5$

(5) $y=-\dfrac{3}{11}-\dfrac{1}{11}x$, $y=-\dfrac{1}{11}-\dfrac{1}{11}x$

02 다음 |보기|의 직선을 보고, 물음에 답하여라.

┌ 보기 ┐

㉠ $y=3x-2$　　㉡ $y=-2x+1$

㉢ $y=\dfrac{4}{3}x-2$　　㉣ $y=2x+3$

㉤ $y=-2+\dfrac{4}{3}x$　　㉥ $y=-2x-5$

(1) 일치하는 것끼리 짝지어라.

(2) 서로 평행한 것끼리 짝지어라.

(3) 오른쪽 그림과 같은 그래프와 평행한 것을 모두 찾아라.

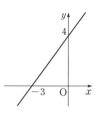

(4) 오른쪽 그림과 같은 그래프와 평행한 것을 모두 찾아라.

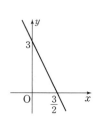

- 두 일차함수 $y=3x+a$와 $y=bx+5$에서

→ 일치 $\begin{cases} \text{기울기가 같다} : 3=b \\ y\text{절편이 같다} : a=5 \end{cases}$

→ 평행 $\begin{cases} \text{기울기가 같다} : 3=b \\ y\text{절편이 다르다} : a \neq 5 \end{cases}$

03 다음 두 일차함수의 그래프가 일치할 때, 상수 a의 값을 구하여라.

(1) $y=2x+a$, $y=2x+5$

(2) $y=\dfrac{1}{5}x+\dfrac{6}{7}$, $y=\dfrac{1}{5}x+a$

(3) $y=-\dfrac{2}{13}-5x$, $y=-5x+a$

(4) $y=-\dfrac{4}{3}x+\dfrac{1}{3}$, $y=-\dfrac{4}{3}x-a$

04 다음 두 일차함수의 그래프가 서로 평행할 때, 상수 a의 값을 구하여라.

(1) $y=ax+3$, $y=3x+5$

(2) $y=ax-6$, $y=7x-2$

(3) $y=\dfrac{x}{3}+\dfrac{2}{3}$, $y=ax-\dfrac{2}{3}$

(4) $y=4x-1$, $y=-ax+3$

05 다음 두 일차함수의 그래프에 대하여 상수 a, b의 조건을 구하여라.

(1) $y=ax-5$, $y=-\dfrac{1}{2}x+b$

$\begin{cases} \text{일치할 조건 :} \\ \text{평행할 조건 :} \end{cases}$

(2) $y=-\dfrac{3}{2}x+\dfrac{2}{5}$, $y=ax+b$

$\begin{cases} \text{일치할 조건 :} \\ \text{평행할 조건 :} \end{cases}$

(3) $y=\dfrac{a}{2}x+5$, $y=-3x+2b$

$\begin{cases} \text{일치할 조건 :} \\ \text{평행할 조건 :} \end{cases}$

도전! 100점

06 다음 일차함수 중 그 그래프가 오른쪽 그림의 그래프와 평행한 것은?

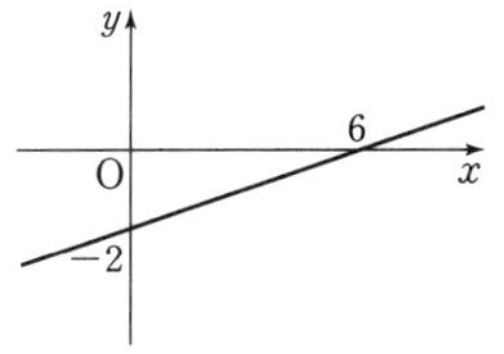

① $y=-\dfrac{1}{3}x-6$

② $y=-3x+2$

③ $y=\dfrac{1}{3}x-2$

④ $y=\dfrac{1}{3}x-6$

⑤ $y=\dfrac{1}{6}x-2$

(1) **기울기와 y절편을 알 때** : 기울기가 a이고, y절편이 b

$$y = \boxed{a}x + \boxed{b}$$

기울기 y절편

예 기울기가 2이고, y절편이 3인 일차함수의 식은 $y = \boxed{}x + \boxed{}$ 이다.

(2) **기울기와 한 점을 알 때** : 기울기가 a이고, 한 점 (x_1, y_1)

① 기울기가 a이므로 $y = ax + b$로 놓는다.

② $x = x_1$, $y = y_1$을 $y = ax + b$에 대입하여 b의 값을 구한다.

예 기울기가 -2이고 $(1, 3)$을 지나는 직선을 구하면 $y = -2x + b$라고 놓고 $x = 1$, $y = 3$을 각각 대입하면 $b = 5$, 일차함수식은 $y = -2x + 5$이다.

유형 **기울기와 y절편을 알 때, 일차함수의 식**

• 기울기가 2이고, y절편이 4인 일차함수의 식

$$y = 2x + 4$$

기울기 y절편

01 다음 직선을 그래프로 하는 일차함수의 식을 구하여라.

(1) 기울기가 5이고, y절편이 -3인 직선

(2) 기울기가 -1이고, y절편이 3인 직선

(3) 기울기가 $\dfrac{1}{2}$이고, y절편이 $\dfrac{2}{3}$인 직선

(4) 기울기가 $\dfrac{3}{5}$이고, y절편이 $-\dfrac{1}{2}$인 직선

(5) 기울기가 $-\dfrac{7}{8}$이고, y절편이 $-\dfrac{2}{7}$인 직선

(6) x의 값의 증가량에 대한 y의 값의 증가량의 비율이 3이고, y절편이 $\dfrac{1}{3}$인 직선

(7) x의 값의 증가량에 대한 y의 값의 증가량의 비율이 $\dfrac{3}{2}$이고, y절편이 -5인 직선

(8) x의 값이 3만큼 증가할 때, y의 값이 1만큼 증가하고, y절편이 6인 직선

(9) $y = -5x$의 그래프와 평행하고, y절편이 -3인 직선

(10) $y = -\dfrac{4}{5}x$의 그래프와 평행하고, y절편이 $-\dfrac{2}{9}$인 직선

02 일차함수의 그래프가 다음과 같을 때, 그 일차함수의 식을 구하여라.

(1)

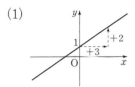

(2)

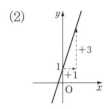

(3)

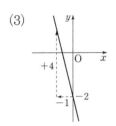

• 기울기가 2이고, 점 $(1, 3)$을 지난다.

$$y = ax + b \xrightarrow{\text{기울기 : 2}} y = \overset{a}{2}x + b$$

$$\xrightarrow{\text{점 } (1, 3)} 3 = 2 \times 1 + b \quad \therefore b = 1$$

$$\rightarrow y = 2x + 1$$

03 다음 직선을 그래프로 하는 일차함수의 식을 구하여라.

(1) 기울기가 1이고, 점 $(1, 3)$을 지나는 직선

(2) 기울기가 -2이고, 점 $(3, 4)$를 지나는 직선

(3) 기울기가 $-\dfrac{1}{3}$이고, 점 $(2, -1)$을 지나는 직선

(4) $y = -\dfrac{3}{2}x$의 그래프와 평행하고, 점 $(4, -1)$을 지나는 직선

(5) x의 값이 2만큼 증가할 때 y의 값이 1만큼 증가하고, 점 $(3, 1)$을 지나는 직선

(6) x의 값이 5만큼 증가할 때 y의 값이 3만큼 감소하고, 점 $(10, 1)$을 지나는 직선

(7) 기울기가 2이고, x절편이 -1인 직선

(8) 기울기가 $\dfrac{2}{3}$이고, x절편이 3인 직선

도전! 100점

04 일차함수 $y = -3x + 5$의 그래프와 평행하고, 점 $(0, -2)$를 지나는 직선을 그래프로 하는 일차함수의 식은?

① $y = -3x - 5$ ② $y = -3x - 2$
③ $y = -3x$ ④ $y = -3x + 2$
⑤ $y = -3x + 3$

(1) **서로 다른 두 점을 알 때** : 서로 다른 두 점 (x_1, y_1), (x_2, y_2)

    ① $(기울기) = \dfrac{(y의\ 값의\ 증가량)}{(x의\ 값의\ 증가량)} = \dfrac{y_1 - y_2}{x_1 - x_2} = \dfrac{y_2 - y_1}{x_2 - x_1}$ 을 구한다.

    ② $y = ax + b$라 놓고 a에 ①에서 구한 기울기를 대입한다.

    ③ $y = ax + b$에 두 점 중 한 점을 대입하여 y절편인 b를 구한다.

    참고 $y = ax + b$로 놓고 두 점을 각각 대입하여 a, b에 대한 연립방정식을 푸는 방법도 있다.

(2) **x절편, y절편을 알 때** : x절편이 m, y절편이 n일 때, 두 점 $(m, 0)$, $(0, n)$을 지난다.

    따라서 두 점을 지나는 $(기울기) = \dfrac{0 - n}{m - 0} = -\dfrac{n}{m}$, $(y절편) = n$이므로 일차함수의 식은

$$y = -\frac{n}{m}x + n$$

유형 **서로 다른 두 점을 알 때, 일차함수의 식**

• 두 점 $(4, 3)$, $(6, 7)$을 지난다.

$(4, 3), (6, 7) \rightarrow (기울기) = \dfrac{3 - 7}{4 - 6} = 2$

$y = ax + b \xrightarrow{기울기 : 2} y = 2x + b$

$\xrightarrow{점\ (4, 3)} 3 = 2 \times 4 + b \quad \therefore b = -5$

$\rightarrow y = 2x - 5$

01 다음 직선을 그래프로 하는 일차함수의 식을 구하여라.

(1) 두 점 $(1, 2)$, $(2, 3)$을 지나는 직선

(2) 두 점 $(-1, 4)$, $(1, 8)$을 지나는 직선

(3) 두 점 $(3, -1)$, $(2, 5)$를 지나는 직선

(4) 두 점 $(-5, 13)$, $(-2, 4)$를 지나는 직선

02 일차함수의 그래프가 다음 그림과 같을 때, 그 일차함수의 식을 구하여라.

(1)
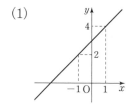

(2)
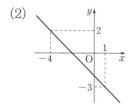

(3)
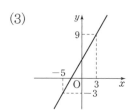

유형 **x절편, y절편을 알 때, 일차함수의 식 구하기**

• x절편이 2, y절편이 4

$$y = -\frac{(y절편)}{(x절편)}x + (y절편) \rightarrow y = -\frac{4}{2}x + 4$$

$$\therefore y = -2x + 4$$

03 다음 직선을 그래프로 하는 일차함수의 식을 구하여라.

(1) x절편이 3, y절편이 -3인 직선

(2) x절편이 2, y절편이 -6인 직선

(3) x절편이 2, y절편이 -5인 직선

(4) x절편이 4, y절편이 6인 직선

(5) x절편이 $\dfrac{5}{2}$, y절편이 5인 직선

(6) 두 점 $(-1, 0)$, $(0, 4)$를 지나는 직선

(7) x절편이 5이고, $y = -2x + 15$의 그래프와 y축 위에서 만나는 직선

(8) $y = x - 7$의 그래프와 x축 위에서 만나고, y절편이 -1인 직선

04 일차함수의 그래프가 다음과 같을 때, 그 일차함수의 식을 구하여라.

(1)
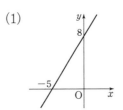

(2)
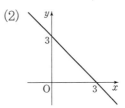

(3)
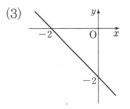

(4)
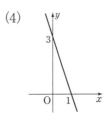

도전! 100점

05 두 점 $(-2, 0)$, $(0, 7)$을 지나는 직선을 그래프로 하는 일차함수의 식을 $y = ax + b$라 할 때, 상수 a, b에 대하여 $\dfrac{a}{b}$의 값은?

① $-\dfrac{7}{2}$　　② $-\dfrac{1}{2}$　　③ $-\dfrac{1}{7}$

④ $\dfrac{1}{2}$　　⑤ 2

(1) **변수 x, y 정하기** : 문제의 뜻을 파악하고, 수량 관계를 조사하여 변수 x, y를 정한다.

(2) **x와 y 사이의 관계식 세우기** : 변수 x와 y 사이의 관계를 식으로 나타낸다.

(3) **조건에 맞는 값 구하기** : 식에 한 값을 대입하여 나머지 값을 구한다.

(4) **확인하기** : 구한 값이 문제의 뜻에 맞는지 확인한다.

| x, y 정하기 | — | x와 y 사이의 관계식 세우기 | — | 조건에 맞는 값 구하기 | — | 답 확인하기 |

유형 양초의 길이에 관한 문제

• 불을 붙인 지 x분 후의 양초의 길이 y cm

$$\rightarrow y = \left(\begin{matrix} \text{양초의} \\ \text{처음 길이} \end{matrix}\right) - \left(\begin{matrix} x\text{분 동안} \\ \text{짧아진 길이} \end{matrix}\right)$$

01 길이가 25 cm인 양초에 불을 붙이면 10분마다 1 cm씩 길이가 짧아진다고 한다. 불을 붙인 지 x분 후의 양초의 길이를 y cm라 할 때, 다음 물음에 답하여라.

(1) x분 동안 양초의 길이는 몇 cm만큼 짧아지는지 구하여라.

(2) x와 y 사이의 관계식을 구하여라.

(3) 이 양초에 불을 붙인 지 60분 후의 남은 양초의 길이를 구하여라.

(4) 남은 양초의 길이가 10 cm가 되는 것은 불을 붙인 지 몇 분 후인지 구하여라.

02 길이가 30 cm인 양초에 불을 붙이면 5분마다 1 cm씩 길이가 짧아진다고 한다. 불을 붙인 지 x분 후의 양초의 길이를 y cm라 할 때, 다음 물음에 답하여라.

(1) x분 동안 양초의 길이는 몇 cm만큼 짧아지는지 구하여라.

(2) x와 y 사이의 관계식을 구하여라.

(3) 이 양초에 불을 붙인 지 30분 후의 남은 양초의 길이를 구하여라.

(4) 남은 양초의 길이가 5 cm가 되는 것은 불을 붙인 지 몇 분 후인지 구하여라.

(5) 이 양초가 모두 타는 데 걸리는 시간을 구하여라.

용수철의 길이에 관한 문제

- x g의 물체를 달았을 때, 용수철의 길이 y cm

$\rightarrow y = \left(\begin{array}{c}\text{용수철의}\\\text{처음 길이}\end{array}\right) + \left(\begin{array}{c}x \text{ g의 물체를 달았을 때,}\\\text{늘어난 길이}\end{array}\right)$

03 길이가 20 cm인 용수철에 무게가 2 g인 물체를 달면 용수철의 길이가 1 cm씩 늘어난다고 한다. x g의 물체를 달았을 때의 용수철의 길이를 y cm라 할 때, 다음 물음에 답하여라.

(1) x g의 물체를 달았을 때, 용수철은 몇 cm만큼 늘어나는지 구하여라.

(2) x와 y 사이의 관계식을 구하여라.

(3) 무게가 15 g인 물체를 이 용수철에 달았을 때, 용수철의 길이를 구하여라.

(4) 용수철의 길이가 48 cm가 되는 것은 몇 g짜리 물체를 달았을 때인지 구하여라.

04 길이가 50 cm인 용수철에 무게가 10 g인 물체를 달면 용수철의 길이가 2 cm씩 늘어난다고 한다. x g의 물체를 달았을 때의 용수철의 길이를 y cm라 할 때, 다음 물음에 답하여라.

(1) x와 y 사이의 관계식을 구하여라.

(2) 무게가 25 g인 물체를 이 용수철에 달았을 때, 용수철의 길이를 구하여라.

(3) 용수철의 길이가 60 cm가 되는 것은 몇 g짜리 물체를 달았을 때인지 구하여라.

온도에 관한 문제

- 지면에서의 높이가 x m인 지점의 기온 y ℃

$\rightarrow y = \left(\begin{array}{c}\text{지면의}\\\text{기온}\end{array}\right) - \left(\begin{array}{c}x \text{ m 높아질 때,}\\\text{내려간 기온}\end{array}\right)$

05 지면의 기온이 15 ℃이고 지면에서 100 m 높아질 때마다 기온이 0.6 ℃씩 내려간다고 한다. 지면에서의 높이가 x m인 지점의 기온을 y ℃라 할 때, 다음 물음에 답하여라.

(1) x m 높아질 때, 내려간 기온은 몇 ℃인지 구하여라.

(2) x와 y 사이의 관계식을 구하여라.

(3) 지면에서의 높이가 2000 m인 지점의 기온을 구하여라.

(4) 기온이 6 ℃인 지점의 지면에서의 높이를 구하여라.

06 지면의 기온이 28 ℃이고 지면에서 100 m 높아질 때마다 기온이 0.6 ℃씩 내려간다고 한다. 지면에서의 높이가 x m인 지점의 기온을 y ℃라 할 때, 다음 물음에 답하여라.

(1) x와 y 사이의 관계식을 구하여라.

(2) 지면에서의 높이가 3000 m인 지점의 기온을 구하여라.

(3) 기온이 22 ℃인 지점의 지면에서의 높이를 구하여라.

유형 물의 양에 관한 문제

• 물이 흘러나오기 시작한 지 x분 후에 남아 있는 물의 양 y L

$$\rightarrow y = \left(\begin{array}{c} 물의 \\ 처음\ 양 \end{array} \right) - \left(\begin{array}{c} x분\ 동안\ 흘러 \\ 나온\ 물의\ 양 \end{array} \right)$$

07 50 L의 물이 들어 있는 물통에서 10분에 5 L의 비율로 일정하게 물이 흘러나온다. 물이 흘러나오기 시작하여 x분 후에 남아 있는 물의 양을 y L라 할 때, 다음 물음에 답하여라.

(1) x분 동안 흘러나온 물의 양을 구하여라.

(2) x와 y 사이의 관계식을 구하여라.

(3) 20분 후에 남아 있는 물의 양을 구하여라.

(4) 남아 있는 물의 양이 5 L가 되는 것은 몇 분 후인 지 구하여라.

08 1 L의 휘발유로 18 km를 달릴 수 있는 자동차에 10 L의 휘발유를 넣고 x km를 달린 후에 남아 있는 휘발유의 양을 y L라 할 때, 다음 물음에 답하여라.

(1) x와 y 사이의 관계식을 구하여라.

(2) 72 km를 달린 후에 남아 있는 휘발유의 양을 구하여라.

(3) 남아 있는 휘발유의 양이 5 L가 되는 것은 몇 km를 달린 후인 지 구하여라.

유형 속력에 관한 문제

• 출발한 지 x시간 후 남은 거리 y km

$$\rightarrow y = \left(\begin{array}{c} 전체 \\ 거리 \end{array} \right) - \left(\begin{array}{c} x시간\ 동안 \\ 이동한\ 거리 \end{array} \right)$$

09 350 km의 거리를 시속 70 km인 자동차로 이동하려고 한다. 출발한 지 x시간 후 남은 거리를 y km라 할 때, 다음 물음에 답하여라.

(1) x시간 동안 이동한 거리를 구하여라.

(2) x와 y 사이의 관계식을 구하여라.

(3) 2시간 후 남은 거리를 구하여라.

(4) 남은 거리가 70 km가 되는 것은 출발한 지 몇 시간 후인지 구하여라.

10 400 km의 거리를 시속 80 km인 자동차로 이동하려고 한다. 출발한 지 x시간 후 남은 거리를 y km라 할 때, 다음 물음에 답하여라.

(1) x와 y 사이의 관계식을 구하여라.

(2) 3시간 후 남은 거리를 구하여라.

(3) 출발한 지 몇 시간 후에 도착하는 지 구하여라.

도형에 관한 문제

• 매초 2 cm의 속력으로 움직일 때,
  x초 동안 이동한 거리 → $2x$ cm

11 오른쪽 그림의 직사각형 ABCD에서 점 P가 점 B 에서 점 C까지 매초 2 cm 의 속력으로 움직인다고 한다. x초 후의 △ABP의 넓이를 y cm²라 할 때, 다음 물음에 답하여라.

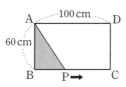

(1) x초 후의 $\overline{BP}$의 길이를 구하여라.

(2) x와 y 사이의 관계식을 구하여라.

(3) 점 P가 점 B를 출발한 지 10초 후의 △ABP 의 넓이를 구하여라.

(4) △ABP의 넓이가 420 cm²가 되는 것은 점 P가 점 B를 출발한 지 몇 초 후인지 구하여라.

12 오른쪽 그림의 직사각형 ABCD에서 점 P가 점 C에서 점 D까지 매초 3 cm의 속력으로 움직 인다고 한다. x초 후의 △APD의 넓이를 y cm² 라 할 때, 다음 물음에 답하여라.

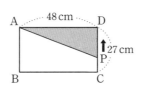

(1) x초 후의 $\overline{DP}$의 길이를 구하여라.

(2) x와 y 사이의 관계식을 구하여라.

(3) 점 P가 점 C를 출발한 지 5초 후의 △APD 의 넓이를 구하여라.

13 오른쪽 그림의 직사각형 ABCD에서 점 P는 점 A에서 점 B까지 매초 1 cm의 속력으로 움직인 다고 한다. x초 후의 사다리꼴 PBCD의 넓이 를 y cm²라 할 때, 다음 물음에 답하여라.

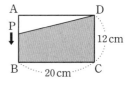

(1) x초 후의 $\overline{PB}$의 길이를 구하여라.

(2) x와 y 사이의 관계식을 구하여라.

(3) 점 P가 점 A를 출발한 지 8초 후의 사다리 꼴 PBCD의 넓이를 구하여라.

(4) 사다리꼴 PBCD의 넓이가 170 cm²가 되는 것은 점 P가 점 A를 출발한 지 몇 초 후인 지 구하여라.

도전! **100점**

14 온도가 70 ℃인 물이 10분이 지날 때마다 물의 온도가 5 ℃씩 내려간다고 한다. 이때, 24분 후 의 물의 온도는?

① 46 ℃   ② 52 ℃   ③ 58 ℃
④ 60 ℃   ⑤ 64 ℃

15 1 L의 휘발유로 16 km를 달릴 수 있는 자동차 에 20 L의 휘발유를 넣고 x km를 달린 후에 남아 있는 휘발유의 양을 y L라 하자. 남아 있 는 휘발유의 양이 14 L가 되는 것은 몇 km를 달린 후인가?

① 80 km   ② 96 km   ③ 104 km
④ 112 km   ⑤ 128 km

개념 01

01 다음 중 함수인 것은 ○표, 아닌 것은 ×표 하여라.

(1) 정수 x의 절댓값 y (   )

(2) y는 3의 배수   (   )

(3) 넓이가 $18\,cm^2$이고 밑변의 길이가 $x\,cm$인 삼각형의 높이는 $y\,cm$이다.   (   )

(4) y는 10보다 작은 소수   (   )

(5) 자동차가 시속 $x\,km$로 3시간 동안 달린 거리는 $y\,km$이다.   (   )

개념 01

02 다음과 같은 함수 $y=f(x)$에 대하여 함숫값을 구하여라.

(1) $y=-3x$일 때, $f(1)$의 값

(2) $y=\dfrac{6}{x}$일 때, $f(-1)$의 값

(3) $y=\dfrac{3}{2}x$일 때, $f(6)$의 값

(4) $y=-\dfrac{4}{x}$일 때, $f(3)$의 값

(5) $y=10x$일 때, $f\left(\dfrac{1}{2}\right)$의 값

개념 02

03 함수 $f(x)=ax$에 대하여 주어진 조건을 만족하는 상수 b의 값을 구하여라. (단, $a\neq0$)

(1) $f(2)=4$, $f(1)=b$일 때 b의 값

(2) $f(-1)=3$, $f(2)=b$일 때 b의 값

(3) $f(3)=-2$, $f(b)=-4$일 때 b의 값

(4) $f(-4)=2$, $f(b)=-2$일 때 b의 값

개념 02

04 함수 $f(x)=\dfrac{a}{x}$에 대하여 주어진 조건을 만족하는 상수 b값을 구하여라. (단, a는 상수)

(1) $f(-2)=3$, $f(2)=b$일 때 b의 값

(2) $f(4)=2$, $f(6)=b$일 때 b의 값

(3) $f(4)=-1$, $f(b)=-2$일 때 b의 값

(4) $f(6)=\dfrac{1}{2}$, $f(b)=1$일 때 b의 값

05 다음 중 일차함수인 것은 ○표, 아닌 것은 ×표 하여라.

(1) $y=3x$ (   )   (2) $y=x^2+2$ (   )

(3) $y=2x-1$ (   )   (4) $y=\dfrac{2}{x}$ (   )

(5) $y=3(x+1)$ (   )   (6) $y=10-x$ (   )

06 함수 $y=ax\,(a\neq0)$의 그래프가 다음 점을 지날 때, a의 값을 구하여라.

(1) $(2,\,8)$ (2) $(3,\,-9)$

(3) $\left(\dfrac{1}{2},\,-1\right)$ (4) $\left(-\dfrac{1}{3},\,-\dfrac{1}{6}\right)$

(5) $(1,\,2)$ (6) $(-3,\,3)$

(7) $\left(\dfrac{1}{3},\,2\right)$ (8) $\left(-\dfrac{3}{4},\,\dfrac{1}{4}\right)$

07 다음 조건을 만족하는 그래프를 나타내는 일차함수의 식을 구하여라.

(1) $y=-x$의 그래프를 y축의 방향으로 1만큼 평행이동한 그래프

(2) $y=3x$의 그래프를 y축의 방향으로 -1만큼 평행이동한 그래프

(3) $y=3x+\dfrac{1}{2}$의 그래프를 y축의 방향으로 -1만큼 평행이동한 그래프

(4) $y=2(x+1)$의 그래프를 y축 방향으로 3만큼 평행이동한 그래프

(5) $y=-(x+3)$의 그래프를 y축 방향으로 -2만큼 평행이동한 그래프

08 다음 일차함수의 그래프의 x절편, y절편을 각각 구하여라.

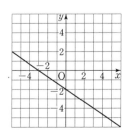

09 □ 안에 알맞은 수를 써넣어라.

(1) $y=2x+\dfrac{1}{3}$에서 x의 값의 증가량이 2일 때,

➡ y의 값의 증가량 : □

(2) $y=-\dfrac{1}{2}x+3$에서 y의 값의 증가량이 -1

일 때,   ➡ x의 값의 증가량 : □

(3) $y=\dfrac{3}{2}x+1$에서 y의 값의 증가량이 6일 때,

➡ x의 값의 증가량 : □

(4) $y=-4x+2$에서 x의 값의 증가량이 -2

일 때,   ➡ y의 값의 증가량 : □

10 다음 두 점을 지나는 일차함수의 그래프의 기울기를 구하여라.

(1) $(-1,\,-2),\,(1,\,4)$

(2) $(4,\,-3),\,(6,\,-5)$

(3) $(7,\,-8),\,(2,\,2)$

(4) $(-2,\,4),\,(2,\,2)$

11 다음 일차함수의 기울기와 y절편을 각각 구하고 일차함수의 그래프를 그려라.

(1) $y=\dfrac{3}{4}x+1$

➡ ┌ 기울기 :
  └ y절편 :

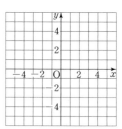

(2) $y=-\dfrac{2}{3}x-2$

➡ ┌ 기울기 :
  └ y절편 :

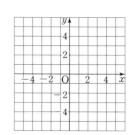

12 다음 일차함수를 보고 알맞은 것에 ○표 하여라.

(1) $y=2x+5$
  ① 기울기 : 2   ➡ 오른쪽 (위, 아래)로 향하는 직선
  ② x의 값이 증가 ➡ y의 값이 (증가, 감소)

(2) $y=-4x-3$
  ① 기울기 : -4 ➡ 오른쪽 (위, 아래)로 향하는 직선
  ② x의 값이 증가 ➡ y의 값이 (증가, 감소)

(3) $y=3x-4$
  ① 기울기 : 3   ➡ 오른쪽 (위, 아래)로 향하는 직선
  ② x의 값이 감소 ➡ y의 값이 (증가, 감소)

13 다음 |보기|의 일차함수에서 그 그래프가 서로 평행한 것끼리 짝지어라.

┤ 보기 ├
$\bigcirc\ y=1-\dfrac{1}{2}x$ $\bigcirc\ y=2x$

$\bigcirc\ y=2x-3$ $\bigcirc\ y=-\dfrac{1}{2}x+3$

$\bigcirc\ y=5-x$ $\bigcirc\ y=-x+\dfrac{1}{6}$

14 다음 직선을 그래프로 하는 일차함수의 식을 구하여라.

(1) 기울기가 -1이고 점 $(1, 5)$를 지나는 직선

(2) 기울기가 $\dfrac{1}{2}$이고 점 $(2, 3)$을 지나는 직선

(3) 기울기가 4이고 y절편이 2인 직선

(4) 기울기가 -5이고 x절편이 3인 직선

(5) $y=3x+2$와 평행하고, 점 $(1, -2)$을 지나는 직선

15 다음 직선을 그래프로 하는 일차함수의 식을 구하여라.

(1) 두 점 $(-1, 3)$, $(2, 0)$을 지나는 직선

(2) x절편이 4, y절편이 -2인 직선

(3) 두 점 $(1, -1)$, $(3, 7)$을 지나는 직선

(4) 두 점 $(-3, 6)$, $(3, 2)$를 지나는 직선

16 길이가 $60\,\mathrm{cm}$인 용수철에 무게가 $10\,\mathrm{g}$인 물체를 달면 용수철의 길이가 $3\,\mathrm{cm}$씩 늘어난다고 한다. $x\,\mathrm{g}$의 물체를 달았을 때의 용수철의 길이를 $y\,\mathrm{cm}$라 할 때, 다음 물음에 답하여라.

(1) x와 y 사이의 관계식을 구하여라.

(2) 무게가 $20\,\mathrm{g}$인 물체를 이 용수철에 달았을 때, 용수철의 길이를 구하여라.

(3) 용수철의 길이가 $81\,\mathrm{cm}$가 되는 것은 몇 g짜리 물체를 달았을 때인지 구하여라.

개념 14 일차함수와 일차방정식의 관계

(1) 미지수가 2개인 일차방정식의 그래프

x, y에 관한 일차방정식의 해인 순서쌍 (x, y)를 좌표평면 위에 나타낸 것을 **미지수가 2개인 일차방정식의 그래프** 또는 간단히 **일차방정식의 그래프**라고 한다.

(2) 직선의 방정식

x, y의 값이 수 전체일 때, 일차방정식 $ax+by+c=0$ (a, b, c는 상수, $a \neq 0$ 또는 $b \neq 0$)을 **직선의 방정식**이라고 한다.

(3) 일차함수와 일차방정식의 관계

미지수가 2개인 일차방정식 $ax+by+c=0$ (a, b, c는 상수, $a \neq 0$, $b \neq 0$)의 그래프는 일차함수 $y = -\dfrac{a}{b}x - \dfrac{c}{b}$의 그래프와 같다.

일차방정식
$$ax+by+c=0$$
↓ y에 관하여 풀면
$$y = -\dfrac{a}{b}x - \dfrac{c}{b}$$
일차함수

예

일차방정식 $2x+3y-6=0$ ── 그래프 → ← 그래프 ── 일차함수 $y = -\dfrac{2}{3}x + 2$

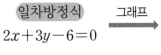

- x, y의 값이 **자연수**일 때 → **점**으로 나타난다.
- x, y의 값이 **수 전체**일 때 → **직선**으로 나타난다.

01 일차방정식 $x+y=5$에 대하여 다음 물음에 답하여라.

(1) 다음 대응표를 완성하여라.

x	...	0	1	2	3	4	...
y	...						...

(2) x, y의 값이 자연수일 때, 위의 대응표를 이용하여 그래프를 그려라.

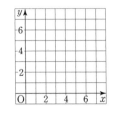

(3) x, y의 값이 수 전체일 때, 일차방정식의 그래프를 그려라.

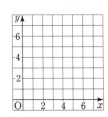

02 일차방정식 $x+y=7$에 대하여 다음 물음에 답하여라.

(1) 다음 대응표를 완성하여라.

x	...	1	2	3	4	5	6	...
y	...							...

(2) x, y의 값이 자연수일 때, 위의 대응표를 이용하여 그래프를 그려라.

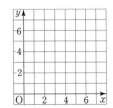

(3) x, y의 값이 수 전체일 때, 일차방정식의 그래프를 그려라.

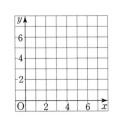

03 일차방정식 $2x+y=9$에 대하여 다음 물음에 답하여라.

(1) 다음 대응표를 완성하여라.

x	$\cdots$	-1	0	1	2	3	4	$\cdots$
y	$\cdots$							$\cdots$

(2) x, y의 값이 자연수일 때, 위의 대응표를 이용하여 그래프를 그려라.

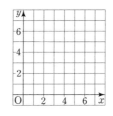

(3) x, y의 값이 수 전체일 때, 일차방정식의 그래프를 그려라.

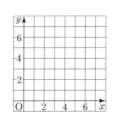

유형 $ax+by+c=0$을 $y=-\dfrac{a}{b}x-\dfrac{c}{b}$ 꼴로 변형하기

• $3x-y+2=0 \;\rightarrow\; y=3x+2$

04 다음 일차방정식을 $y=ax+b$의 꼴로 나타내어라.

(1) $2x-y+3=0$

(2) $2x-3y+4=0$

(3) $x+3y-1=0$

(4) $x+4y+3=0$

유형 일차방정식의 그래프의 기울기와 절편 구하기

• $3x-y-5=0 \xrightarrow{\;y=ax+b\text{의 꼴}\;} y=3x-5$

→ 기울기 : 3, x절편 : $\dfrac{5}{3}$, y절편 : -5

05 다음 일차방정식의 그래프의 기울기와 x절편, y절편을 각각 구하여라.

(1) $x+y+3=0$

(2) $-2x+2y-4=0$

(3) $3x-y-2=0$

(4) $5x+y+1=0$

(5) $3x+y+4=0$

(6) $2x-3y+6=0$

(7) $3x-2y+6=0$

(8) $2x+3y-4=0$

(9) $3x-5y+1=0$

• $2x+y-1=0$ $\xrightarrow{y=ax+b\text{의 꼴}}$ $y=-2x+1$

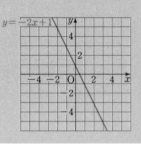

06 다음 일차방정식을 $y=ax+b$의 꼴로 나타내고, 그 그래프를 그려라.

(1) $-x+y-1=0$

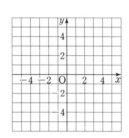

(2) $2x-y+4=0$

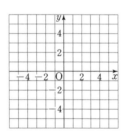

(3) $x+y+3=0$

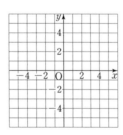

(4) $2x-3y-6=0$

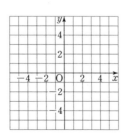

일차방정식 $ax+by+c=0$의 그래프 위의 점을 (p, q)라고 할 때,

→ (p, q)는 일차방정식의 해이다.

→ $x=p$, $y=q$를 대입하면 일차방정식이 성립한다.

07 다음 주어진 점이 일차방정식 $5x-y=2$의 그래프 위의 점이면 ○표, 아니면 ×표를 하여라.

(1) $(-3, -13)$ ( )

(2) $(2, 8)$ ( )

(3) $(-1, -7)$ ( )

(4) $(1, -3)$ ( )

(5) $(-2, 12)$ ( )

08 주어진 일차방정식의 그래프와 그 그래프 위의 점을 이용하여 상수 a의 값을 구하여라.

(1) 점 $(2, 3)$, $2x-3y=a$

(2) 점 $(3, -1)$, $3x-ay=10$

(3) 점 $(-1, 1)$, $ax+3y=6$

(4) 점 $(6, a+1)$, $x-2y+4=0$

유형 일차방정식의 그래프의 성질

- $-2x+y-3=0$ $\xrightarrow{y=ax+b의 꼴}$ $y=2x+3$

① x절편은 $-\dfrac{3}{2}$이다.   ② y절편은 3이다.

③ 점 $(1, 5)$를 지난다.

④ 제1, 2, 3사분면을 지난다.

⑤ 일차함수 $y=2x$의 그래프와 평행하다.

09 일차방정식 $x-3y+6=0$의 그래프에 대한 설명으로 옳은 것에는 ○표, 옳지 않은 것에는 ×표 하여라.

(1) x절편은 -6이다.   (   )

(2) y절편은 -2이다.   (   )

(3) 점 $(3, 3)$을 지난다.   (   )

(4) 제1, 2, 4사분면을 지난다.   (   )

(5) 일차함수 $y=\dfrac{1}{3}x$의 그래프와 평행하다.

                                          (   )

10 다음 |보기|의 일차방정식의 그래프에 대하여 물음에 답하여라.

┌ 보기 ┐
$\bigcirc$ $x+3y+9=0$ $\bigcirc$ $2x-y+5=0$
$\bigcirc$ $2x+y+5=0$ $\bigcirc$ $-8x+4y+12=0$

(1) x의 값이 증가할 때 y의 값은 감소하는 그래프를 모두 골라라.

(2) 서로 평행한 두 그래프를 골라라.

(3) x축 위에서 만나는 두 그래프를 골라라.

(4) y축 위에서 만나는 두 그래프를 골라라.

11 다음 일차방정식에 알맞은 그래프를 |보기|에서 골라라.

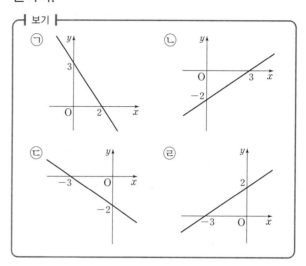

(1) $-2x-3y-6=0$

(2) $3x+2y-6=0$

(3) $-2x+3y-6=0$

(4) $2x-3y-6=0$

도전! 100점

12 다음 일차함수 중 그래프가 일차방정식 $3x+2y-4=0$의 그래프와 일치하는 것은?

① $y=\dfrac{3}{2}x-4$ ② $y=\dfrac{3}{2}x+4$

③ $y=\dfrac{3}{2}x+2$ ④ $y=-\dfrac{3}{2}x+2$

⑤ $y=-\dfrac{3}{2}x-2$

(1) 일차방정식 $x=a$ (a는 상수)의 그래프

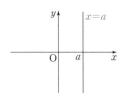

① 점 $(a, 0)$을 지난다.　② y축에 평행하다.
③ x축에 수직이다.　　④ 함수가 아니다.

참고 $x=a$에 대하여 모든 y의 값이 대응하므로 함수가 아니다.

(2) 일차방정식 $y=b$ (b는 상수)의 그래프

① 점 $(0, b)$를 지난다.　② x축에 평행하다.
③ y축에 수직이다.　　④ 함수이다.

유형 $x=a$ (a는 상수) 꼴의 그래프

• 방정식 $x=3$에 대하여

x	⋯	3	3	3	3	3	⋯
y	⋯	-4	-2	0	2	4	⋯

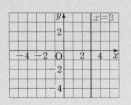

01 다음 대응표를 완성하고, 방정식의 그래프를 그려라.

(1) $x=4$

x	⋯						⋯
y	⋯	-4	-2	0	2	4	⋯

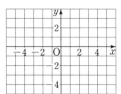

(2) $x=-2$

x	⋯						⋯
y	⋯	-4	-2	0	2	4	⋯

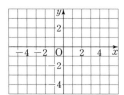

유형 $y=b$ (b는 상수) 꼴의 그래프

• 방정식 $y=5$에 대하여

x	⋯	-4	-2	0	2	4	⋯
y	⋯	5	5	5	5	5	⋯

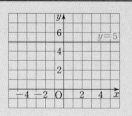

02 다음 대응표를 완성하고, 방정식의 그래프를 그려라.

(1) $y=3$

x	⋯	-4	-2	0	2	4	⋯
y	⋯						⋯

(2) $y=-2$

x	⋯	-4	-2	0	2	4	⋯
y	⋯						⋯

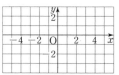

유형 $x=a\,(a$는 상수$)$ 꼴의 방정식과
$y=b\,(b$는 상수$)$ 꼴의 방정식 구하기

• 점 $(1, 4)$를 지나고 y축에 평행한 직선
  $\rightarrow x=1$
• 점 $(3, -1)$을 지나고 x축에 수직인 직선
  $\rightarrow x=3$
• 점 $(1, 4)$를 지나고 x축에 평행한 직선
  $\rightarrow y=4$
• 점 $(3, -1)$을 지나고 y축에 수직인 직선
  $\rightarrow y=-1$

03 다음 조건을 만족하는 직선의 방정식을 구하여라.

(1) 점 $(2, 5)$를 지나고 y축에 평행한 직선

(2) 점 $(-3, 2)$을 지나고 x축에 수직인 직선

(3) 점 $(-2, -1)$을 지나고 x축에 평행한 직선

(4) 점 $(-4, 7)$을 지나고 y축에 수직인 직선

유형 x축, y축에 평행한 직선의 방정식 구하기

직선 위의 두 점의 x좌표가 같다 → y축에 평행
                              → x축에 수직
                              → $x=p$
직선 위의 두 점의 y좌표가 같다 → x축에 평행
                              → y축에 수직
                              → $y=q$

04 다음 조건을 만족하는 직선의 방정식을 구하여라.

(1) 두 점 $(2, -1)$, $(2, 5)$를 지나는 직선

(2) 두 점 $(6, 5)$, $(6, 2)$를 지나는 직선

(3) 두 점 $(-1, -1)$, $(0, -1)$을 지나는 직선

(4) 두 점 $(3, -2)$, $(-1, -2)$를 지나는 직선

(5) 두 점 $(a, 2)$, $(a, 3)$을 지나는 직선

05 다음 조건을 만족하는 a의 값을 구하여라.

(1) 두 점 $(3a, -3)$, $(9, 1)$을 지나는 직선이 y축에 평행한 경우

(2) 두 점 $(3, -13)$, $(-2, 2a-3)$을 지나는 직선이 y축에 수직인 경우

도전! 100점

06 두 점 $(-a+5, 4)$, $(2a-4, -2)$를 지나는 직선이 x축에 수직일 때, 상수 a의 값은?

① -3 ② -1 ③ 0
④ 1 ⑤ 3

연립방정식 $\begin{cases} ax+by+c=0 \\ a'x+b'y+c'=0 \end{cases}$ 의 해가 $x=p,\ y=q$ 이면

두 일차방정식의 그래프의 교점의 좌표는 $(p,\ q)$ 이다.

> 연립방정식의 해
> $x=p,\ y=q$ ⟺   두 일차방정식의 그래프의 교점의 좌표
> $(p,\ q)$

예 연립방정식 $\begin{cases} x-y+1=0 \\ x+y-3=0 \end{cases}$ 의 해는 $x=\boxed{},\ y=\boxed{}$ 이다.

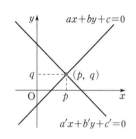

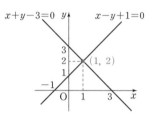

유형 그래프를 보고 연립방정식의 해 구하기

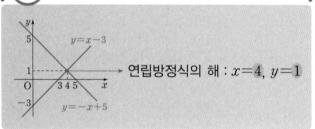

→ 연립방정식의 해 : $x=4,\ y=1$

01 다음 연립방정식에서 두 일차방정식의 그래프가 오른쪽 그림과 같을 때, 이 연립방정식의 해를 구하여라.

(1) $\begin{cases} x+y=6 \\ 3x-y=2 \end{cases}$

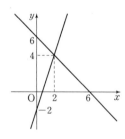

(2) $\begin{cases} x+2y=-4 \\ 3x+y=3 \end{cases}$

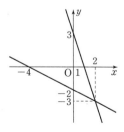

(3) $\begin{cases} 5x+y=0 \\ 2x+y=3 \end{cases}$

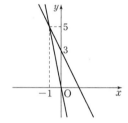

(4) $\begin{cases} 3x-y=7 \\ x+3y=-1 \end{cases}$

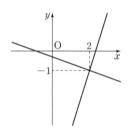

(5) $\begin{cases} x=y+3 \\ 2x+y=6 \end{cases}$

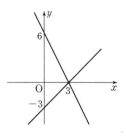

02 다음 연립방정식에서 두 일차방정식의 그래프를 좌표평면 위에 나타내고, 이 연립방정식의 해를 구하여라.

(1) $\begin{cases} x+y=2 \\ 2x-y=1 \end{cases}$

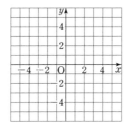

(2) $\begin{cases} x+y=5 \\ 2x-y=4 \end{cases}$

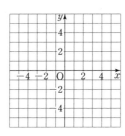

(3) $\begin{cases} -x+y=3 \\ 5x+2y=-1 \end{cases}$

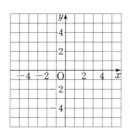

03 다음 두 일차방정식의 그래프의 교점의 좌표를 구하여라.

(1) $2x+y-5=0$, $3x-y=0$

(2) $y=2x+5$, $x-y+4=0$

(3) $x-y-1=0$, $2x+y+4=0$

04 두 일차방정식의 해가 다음과 같을 때, 상수 a, b의 값을 구하여라.

(1) $\begin{cases} ax-y-3=0 \\ x+by=9 \end{cases}$ $(4, 5)$

(2) $\begin{cases} x+y-a=0 \\ bx-2y-4=0 \end{cases}$ $(3, 1)$

(3) $\begin{cases} ax+y+5=0 \\ x+by+4=0 \end{cases}$ $(-2, 1)$

(4) $\begin{cases} 5y=ax-1 \\ 4x=by+5 \end{cases}$ $(3, 1)$

(5) $\begin{cases} 2x+ay+1=0 \\ bx+4y-2=0 \end{cases}$ $(2, -1)$

도전! 100점

05 연립방정식을 이루는 두 일차방정식의 그래프가 오른쪽 그림과 같을 때, 이 연립방정식의 해는?

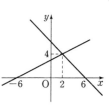

① $x=-6$, $y=0$ ② $x=6$, $y=0$
③ $x=4$, $y=2$ ④ $x=2$, $y=4$
⑤ $x=-6$, $y=6$

연립방정식 $\begin{cases} ax+by+c=0 \\ a'x+b'y+c'=0 \end{cases}$ 의 해의 개수는 두 일차방정식의 그래프의 교점의 개수와 같다.

기울기와 y절편	그래프의 형태	두 직선의 위치 관계	연립방정식의 해의 개수
두 직선의 기울기가 다르다. $\dfrac{a}{a'} \neq \dfrac{b}{b'}$	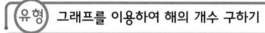	한 점에서 만난다.	해가 1쌍 존재한다.
두 직선의 기울기는 같지만 y절편이 다르다. $\dfrac{a}{a'} = \dfrac{b}{b'} \neq \dfrac{c}{c'}$		평행하다.	해가 존재하지 않는다.
두 직선의 기울기와 y절편이 각각 같다. $\dfrac{a}{a'} = \dfrac{b}{b'} = \dfrac{c}{c'}$		일치한다.	해가 무수히 많다.

유형 **그래프를 이용하여 해의 개수 구하기**

$\cdot \begin{cases} y=2x-1 \\ y=2x+1 \end{cases}$ $\longrightarrow$

$\xrightarrow{\text{평행}}$ 해가 없다.

01 그래프를 이용하여 다음 연립방정식의 해를 구하여라.

(1) $\begin{cases} x-y=4 \\ 2x-2y=4 \end{cases}$

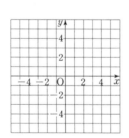

(2) $\begin{cases} -3x-2y=6 \\ 3x+2y=6 \end{cases}$

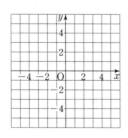

유형 **연립방정식의 해의 개수와 두 직선의 위치 관계**

$\cdot \begin{cases} 2x-3y=12 \\ -4x+6y=4 \end{cases}$ $\longrightarrow$ $\dfrac{2}{-4} = \dfrac{-3}{6} \neq \dfrac{12}{4}$

$\xrightarrow{\text{평행}}$ 해가 없다.

02 다음 두 직선의 위치 관계를 말하고, 연립방정식의 해의 개수를 구하여라.

(1) $\begin{cases} y=3x-4 \\ y=3x+4 \end{cases}$

(2) $\begin{cases} y=-2x+3 \\ y=3x+3 \end{cases}$

(3) $\begin{cases} y=3x-5 \\ y-3x=-5 \end{cases}$

(4) $\begin{cases} 2x-y=6 \\ -6x+3y=-3 \end{cases}$

$$\cdot \begin{cases} 2x+y=b \\ ax-y=-3 \end{cases} \xrightarrow[\text{없다}]{\text{해가}} \frac{2}{a} = \frac{1}{-1} \neq \frac{b}{-3}$$
$$\therefore a=-2, \; b \neq 3$$

03 다음 연립방정식의 해가 없도록 하는 상수 a, b의 조건을 구하여라.

(1) $\begin{cases} x+3y=b \\ ax-3y=2 \end{cases}$

(2) $\begin{cases} 3x+ay=4 \\ 3x+2y=b \end{cases}$

(3) $\begin{cases} 4x-2y=b \\ ax+y=2 \end{cases}$

(4) $\begin{cases} 2x-y=a \\ 4x+by=6 \end{cases}$

(5) $\begin{cases} ax-2y=5 \\ 3x+y=b \end{cases}$

(6) $\begin{cases} ax-y=b \\ -2x+4y=3 \end{cases}$

(7) $\begin{cases} 2x+3y=-b \\ ax-2y=6 \end{cases}$

(8) $\begin{cases} 2x-by=6 \\ 4x-5y=a \end{cases}$

$$\cdot \begin{cases} -5x+by=2 \\ -5x+3y=a \end{cases} \xrightarrow[\text{많다}]{\text{해가 무수히}} \frac{-5}{-5} = \frac{b}{3} = \frac{2}{a}$$
$$\therefore a=2, \; b=3$$

04 다음 연립방정식의 해가 무수히 많도록 하는 상수 a, b의 값을 각각 구하여라.

(1) $\begin{cases} 2x-by=7 \\ 2x+7y=a \end{cases}$

(2) $\begin{cases} ax+y=5 \\ 2x-y=b \end{cases}$

(3) $\begin{cases} 3x-y=b \\ ax-2y=4 \end{cases}$

(4) $\begin{cases} ax-3y=6 \\ -x+2y=b \end{cases}$

(5) $\begin{cases} x+y=b \\ ax-3y=2 \end{cases}$

도전! 100점

05 연립방정식 $\begin{cases} x+2y=1 \\ ax+6y=8 \end{cases}$ 의 해가 존재하지 않을 때, a의 값은?

① 1   ② 2   ③ 3
④ 4   ⑤ 5

개념 14

01 다음 일차방정식의 그래프와 일치하는 것끼리 연결하여라.

(1) $3x+y-6=0$ ·

· ㉠ $y=-3x+6$

(2) $-4x-y+8=0$ ·

· ㉡ $y=-\dfrac{1}{2}x+1$

(3) $-x-2y+2=0$ ·

· ㉢ $y=\dfrac{1}{3}x+2$

(4) $x-3y+6=0$ ·

· ㉣ $y=-4x+8$

개념 14

02 다음 일차방정식의 그래프의 기울기, x절편, y절편을 차례로 구하여라.

(1) $x-y-3=0$

(2) $x-2y+4=0$

(3) $3x+2y-6=0$

(4) $8x-2y+6=0$

(5) $6x+y+2=0$

개념 14

03 다음 주어진 점이 일차방정식 $3x+y-2=0$ 그래프 위의 점이면 ○표, 아니면 ×표를 하여라.

(1) $(0, 2)$ ( )

(2) $(1, 3)$ ( )

(3) $\left(\dfrac{2}{3}, 0\right)$ ( )

(4) $\left(\dfrac{1}{2}, -\dfrac{1}{2}\right)$ ( )

(5) $\left(\dfrac{1}{3}, 1\right)$ ( )

개념 14

04 주어진 일차방정식의 그래프와 그 그래프 위의 점을 이용하여 상수 a의 값을 구하여라.

(1) 점 $(0, 3)$이 $3x-2y=a$ 위의 점일때

(2) 점 $(2, -1)$이 $2x+3y=a$ 위의 점일때

(3) 점 $(-3, 2)$가 $ax+3y=-6$ 위의 점일때

(4) 점 $(5, a+1)$이 $x+2y-3=0$ 위의 점일때

(5) 점 $(2a-1, 6)$이 $2x-y+4=0$ 위의 점일때

개념 14

05 일차방정식 $3x+4y+8=0$의 그래프에 대한 설명으로 옳은 것에는 ○표, 옳지 않은 것에는 ×표 하여라.

(1) x절편은 $-\dfrac{8}{3}$이다. ( )

(2) y절편은 -8이다. ( )

(3) 점 $(4, -5)$를 지난다. ( )

(4) 제2, 3, 4사분면을 지난다. ( )

(5) 일차함수 $y=-\dfrac{4}{3}x$의 그래프와 평행하다.

( )

개념 14

06 |보기|의 일차방정식의 그래프에 대하여 물음에 답하여라.

┌ 보기 ┐
ㄱ $-x-2y+2=0$　ㄴ $2x-y-2=0$
ㄷ $4x-y-8=0$　ㄹ $3x+6y+12=0$

(1) x의 값이 증가할 때 y의 값도 증가하는 그래프를 모두 골라라.

(2) 서로 평행한 두 그래프를 골라라.

(3) x축 위에서 만나는 두 그래프를 골라라.

(4) y축 위에서 만나는 두 그래프를 골라라.

개념 15

07 다음 방정식의 그래프를 그려라.

(1) $x=3$

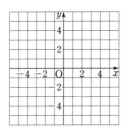

(2) $y=4$

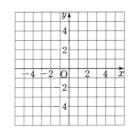

개념 15

08 다음 조건을 만족하는 직선의 방정식을 구하여라.

(1) 점 $(2, 5)$를 지나고 y축에 평행한 직선

(2) 점 $(-3, -2)$를 지나고 y축에 평행한 직선

(3) 점 $(-4, 1)$을 지나고 x축에 수직인 직선

(4) 점 $(-3, 2)$를 지나고 x축에 평행한 직선

(5) 점 $(-3, -2)$를 지나고 x축에 평행한 직선

(6) 점 $(4, 9)$를 지나고 y축에 수직인 직선

09 다음 조건을 만족하는 a의 값을 구하여라.

(1) 두 점 $(1, -2)$, $(a, 3)$을 지나는 직선이 y축에 평행할 때 상수 a의 값

(2) 두 점 $(3, -1)$, $(2, 3a+2)$를 지나는 직선이 x축과 평행할 때 상수 a의 값

(3) 두 점 $(a+2, 3a-1)$, $(1, 5)$를 지나는 직선이 y축에 수직일 때 상수 a의 값

(4) 두 점 $(1-2a, 4-a)$, $(1, 3)$을 지나는 직선이 x축에 수직일 때 상수 a의 값

10 다음 두 일차방정식의 그래프의 교점의 좌표를 구하여라.

(1) $x+y-5=0$, $2x-y-1=0$

(2) $2x-y-3=0$, $3x+y-7=0$

(3) $x+y-4=0$, $\frac{1}{2}x-y+1=0$

(4) $3x+2y+3=0$, $x+2y+1=0$

11 두 일차방정식의 해가 다음과 같을 때, 상수 a, b의 값을 구하여라.

(1) $\begin{cases} x-2y-a=0 \\ bx+4y+4=0 \end{cases}$ $(-4, -4)$

(2) $\begin{cases} ax+2y=4 \\ 2x-by=6 \end{cases}$ $(-2, 5)$

(3) $\begin{cases} 3x+ay=2 \\ bx+2y=12 \end{cases}$ $(2, 4)$

(4) $\begin{cases} ax-6y+6=0 \\ x+2y=b \end{cases}$ $(3, 2)$

12 연립방정식을 이루는 두 일차방정식의 그래프가 다음과 같을 때, 연립방정식의 해를 구하여라.

(1)
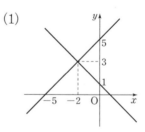

(2)
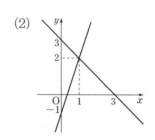

개념 17

13 다음 두 직선의 위치 관계를 말하고, 연립방정식의 해의 개수를 구하여라.

(1) $\begin{cases} x-y=3 \\ 4x-4y=12 \end{cases}$

(2) $\begin{cases} y=5x-3 \\ y=5x+3 \end{cases}$

(3) $\begin{cases} 3x-y-3=0 \\ x+y-5=0 \end{cases}$

(4) $\begin{cases} x-2y+2=0 \\ 3x-6y=-6 \end{cases}$

(5) $\begin{cases} -2x+y=2 \\ -4x+2y=-4 \end{cases}$

개념 17

14 다음 연립방정식의 해가 없도록 하는 상수 a, b의 조건을 구하여라.

(1) $\begin{cases} 2x+3y=b \\ ax-3y=-5 \end{cases}$

(2) $\begin{cases} bx-2y=7 \\ -3x+6y=a \end{cases}$

(3) $\begin{cases} 3x-ay=2 \\ -2x+4y=b \end{cases}$

(4) $\begin{cases} 3x-2y=-4 \\ bx-3y=a \end{cases}$

(5) $\begin{cases} 4x-8y=b \\ -x+ay-2=0 \end{cases}$

개념 17

15 다음 연립방정식의 해가 무수히 많도록 상수 a, b의 값을 각각 구하여라.

(1) $\begin{cases} -6x+4y=b \\ ax-2y=-5 \end{cases}$

(2) $\begin{cases} x-by=3 \\ -ax+4y=6 \end{cases}$

(3) $\begin{cases} -5x+6y=b \\ ax-3y=4 \end{cases}$

(4) $\begin{cases} 4x+ay=10 \\ 2x-y=b \end{cases}$

(5) $\begin{cases} 3x-3y=-b \\ ax-y=2 \end{cases}$

01 다음 중 y가 x의 함수가 <u>아닌</u> 것은?

① $y=2x$

② $y=-\dfrac{3}{x}$

③ $y=x-7$

④ $y=$(자연수 x보다 작은 홀수)

⑤ $y=$(자연수 x와 8의 최소공배수)

02 다음 중 $y=\dfrac{x}{6}$의 그래프에 대한 설명으로 옳지 <u>않은</u> 것은?

① 제1사분면과 제3사분면에 있다.

② $x=2$일 때, $y=3$이다.

③ $y=x$보다 x축에 가깝다.

④ 원점을 지나는 오른쪽 위로 향하는 직선이다.

⑤ x의 값이 증가하면 y값도 증가한다.

03 다음 중 $y=\dfrac{3}{2}x$의 그래프 위의 점은?

① $(2, 1)$　　　　② $(4, -6)$

③ $(-2, 3)$　　　④ $(6, -9)$

⑤ $(-8, -12)$

04 두 함수 $f(x)=2x+1$에 대하여 $f(3)=a$일 때, $f(a)$의 값을 구하여라.

(단, a는 상수)

05 다음 중 함수 $y=\dfrac{12}{x}$의 그래프에 대한 설명으로 옳은 것은?

① 원점을 지난다.

② 점 $(2, 4)$를 지난다.

③ 제2사분면과 제4사분면에 있다.

④ y는 x에 정비례한다.

⑤ x의 값이 증가하면 y값이 감소한다.

06 함수 $f(x)=ax(a\neq 0)$의 그래프가 두 점 $A(3, -6)$, $B(2a, b)$를 지날 때, $a+b$의 값은?

① -6　　　② -2　　　③ 0

④ 1　　　　⑤ 6

07 일차함수 $y=-2x+3$의 그래프를 y축의 방향으로 -5만큼 평행이동하였더니 $y=ax+b$의 그래프가 되었다. 이때, 상수 a, b에 대하여 $a+b$의 값은?

① -4 ② -2 ③ 0
④ 2 ⑤ 4

08 일차함수 $y=\dfrac{3}{5}x-k$의 그래프의 x절편이 10일 때, y절편은? (단, k는 상수)

① -10 ② -6 ③ -4
④ 6 ⑤ 10

09 다음 일차함수 중 그 그래프가 x의 값이 3증가 할 때, y의 값은 2만큼 감소하는 것은?

① $y=2x-\dfrac{3}{2}$ ② $y=-2x+3$
③ $y=\dfrac{3}{2}x-2$ ④ $y=-\dfrac{2}{3}x+8$
⑤ $y=3x-5$

10 일차함수 $y=-2x+6$의 그래프와 x축 및 y축으로 둘러싸인 도형의 넓이는?

① 2 ② 3 ③ 5
④ 9 ⑤ 12

11 직선 $ax-2y+4=0$의 기울기가 3일 때, x절편은 얼마인지 구하여라.

12 다음 그림과 같은 직선을 그래프로 하는 일차함수의 식은?

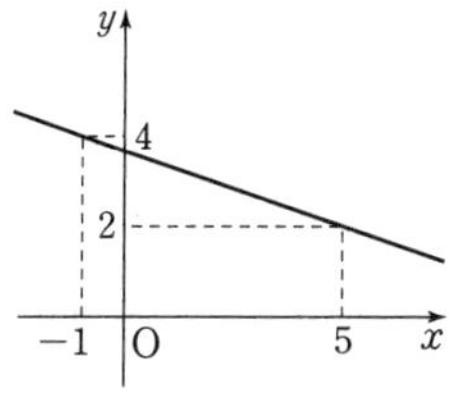

① $y=-\dfrac{1}{2}x+8$ ② $y=-\dfrac{1}{3}x+\dfrac{11}{3}$
③ $y=-x+5$ ④ $y=-\dfrac{1}{3}x-2$
⑤ $y=-x+3$

13 두 점 $(-3, a)$, $(-8, -2a+9)$를 지나는 직선이 y축에 수직일 때, a의 값은?

① -2 ② 2 ③ 3

④ 4 ⑤ 6

14 두 일차 방정식 $x+y=7$, $x+3y=13$의 그래프의 교점을 지나고, 일차함수 $y=3x-5$의 그래프와 평행한 그래프의 식은?

① $y=3x+9$ ② $y=3x+5$ ③ $y=3x+1$

④ $y=3x-3$ ⑤ $y=3x-9$

15 다음 일차함수 중 그래프가 일차방정식 $-2x-3y+6=0$의 그래프와 일치하는 것은?

① $y=-\dfrac{2}{3}x-4$ ② $y=-\dfrac{2}{3}x-2$

③ $y=-\dfrac{2}{3}x$ ④ $y=-\dfrac{2}{3}x+2$

⑤ $y=-\dfrac{2}{3}x+4$

16 연립방정식 $\begin{cases} 2x+3y=3 \\ 6x+ay=2 \end{cases}$ 의 해가 존재하지 않을 때, a의 값은?

① 2 ② 4 ③ 5

④ 6 ⑤ 9

17 $1\,L$의 휘발유로 $14\,km$를 달릴 수 있는 자동차에 $20\,L$의 휘발유를 넣고 $x\,km$를 달린 후에 남아 있는 휘발유의 양을 $y\,L$라 하자. 남아 있는 휘발유의 양이 $13\,L$가 되는 것은 몇 km를 달린 후인가?

① $85\,km$ ② $98\,km$ ③ $106\,km$

④ $112\,km$ ⑤ $126\,km$

18 길이가 $20\,cm$인 양초가 있다. 불을 붙이면 매 2분마다 $1\,cm$씩 탄다고 한다. 점화 후 x분 후의 양초의 길이가 $y\,cm$라 할 때, 점화 후 16분 후의 양초의 길이는?

① $8\,cm$ ② $10\,cm$ ③ $12\,cm$

④ $14\,cm$ ⑤ $15\,cm$

중학수학
절대강자

중학수학
절대강자

정답 및 해설

개념에 강하다! 연산에 강하다!
개념 · 연산

2·1

(주)에듀왕
www.왕수학.com

중학수학
절대강자

중학수학
절대강자

개념에 강하다! 연산에 강하다!
개념 + 연산

정답 및 해설

2·1

I. 수와 연산

1 유리수와 소수

P. 6~7

개념 01 소수의 분류

예 유한소수, 무한소수

01 (1) A (2) B
(3) C (4) A
(5) C (6) B

02 (1) ㅁ, ㅂ   (2) ㄱ, ㄴ, ㅁ, ㅂ, ㅇ
(3) ㄷ, ㄹ, ㅅ   (4) ㄷ, ㅁ, ㅂ, ㅅ
(5) ㄱ, ㄹ, ㅇ   (6) ㄴ, ㄷ, ㅁ, ㅂ, ㅅ
(7) ㄱ, ㄴ, ㄷ, ㄹ, ㅁ, ㅂ, ㅅ, ㅇ

03 (1) 유   (2) 무
(3) 유   (4) 무
(5) 유   (6) 무
(7) 유   (8) 무
(9) 무   (10) 유

04 (1) $0.3333\cdots$, 무한소수
(2) 0.75, 유한소수
(3) $0.8333\cdots$, 무한소수
(4) 0.12, 유한소수
(5) -0.375, 유한소수

도전! 100점 05 ⑤

05 ① $\dfrac{1}{3}=0.3333\cdots$ ② $\dfrac{1}{7}=0.142857\cdots$

③ $\dfrac{1}{12}=0.08333\cdots$ ④ $\dfrac{2}{15}=0.13333\cdots$

⑤ $\dfrac{3}{25}=0.12$

P. 8~13

개념 02 유한소수로 나타낼 수 있는 분수

예 3, 5, 유한소수

01 (1) $\dfrac{3}{5}$ (2) $\dfrac{21}{50}$

(3) $\dfrac{6}{25}$ (4) $\dfrac{3}{8}$

(5) $\dfrac{11}{80}$ (6) $\dfrac{6}{5}$

(7) $\dfrac{3}{4}$ (8) $\dfrac{37}{20}$

(9) $-\dfrac{157}{50}$ (10) $\dfrac{109}{25}$

(11) $-\dfrac{25}{4}$ (12) $\dfrac{256}{125}$

02 (1) $\dfrac{6}{10}$ (2) $\dfrac{375}{10^3}$

(3) $\dfrac{5}{10^2}$ (4) $\dfrac{4}{10^2}$

(5) $\dfrac{35}{10^2}$ (6) $\dfrac{14}{10^2}$

(7) $\dfrac{275}{10^3}$ (8) $\dfrac{32}{10^3}$

03 (1) 0.125 (2) 0.08
(3) 0.02 (4) 0.15
(5) 0.13 (6) 0.05
(7) 0.009 (8) 0.175

04 (1) 5 / 유   (2) 2, 3 / 무
(3) 3, 5 / 무   (4) 2, 5 / 유
(5) 2, 5 / 유   (6) 2 / 유

05 (1) 유   (2) 무
(3) 무   (4) 무
(5) 유   (6) 유
(7) 무   (8) 유

06 (1) $\dfrac{1}{2}$, $\dfrac{1}{5}$, $\dfrac{1}{8}$ (2) $\dfrac{1}{4}$, $\dfrac{3}{8}$, $\dfrac{7}{10}$

(3) $\dfrac{3}{5}$, $\dfrac{5}{8}$, $\dfrac{6}{25}$ (4) $\dfrac{3}{2}$, $\dfrac{3}{5}$

(5) $\dfrac{12}{40}$, $\dfrac{7}{20}$, $\dfrac{11}{110}$

07 (1) ×   (2) ○
(3) ○   (4) ○
(5) ×   (6) ×

08 (1) 3   (2) 7
(3) 3   (4) 7
(5) 3   (6) 13
(7) 9   (8) 7
(9) 11

09 (1) 3, 6   (2) 7, 14

   (3) 3, 8   (4) 3, 15

   (5) 7, 10   (6) 7, 14

   (7) 8, 13

10 (1) 3, $\dfrac{1}{2}$ (2) 7, $\dfrac{1}{2}$

   (3) 3, $\dfrac{1}{4}$ (4) 11, $\dfrac{1}{5}$

   (5) 7, $\dfrac{1}{4}$ (6) 3, $\dfrac{1}{20}$

   (7) 3, $\dfrac{1}{10}$ (8) 3, $\dfrac{1}{25}$

   (9) 21, $\dfrac{1}{5}$ (10) 9, $\dfrac{7}{10}$

   (11) 7, $\dfrac{1}{2}$ (12) 3, $\dfrac{11}{40}$

   (13) 7, $\dfrac{1}{4}$ (14) 49, $\dfrac{3}{10}$

도전! 100점 **11** ③   **12** ④

02 (1) $\dfrac{3}{5}=\dfrac{3\times2}{5\times2}=\dfrac{6}{10}$

   (2) $\dfrac{3}{8}=\dfrac{3}{2^3}=\dfrac{3\times5^3}{2^3\times5^3}=\dfrac{375}{10^3}$

03 (1) $\dfrac{1}{2^3}=\dfrac{1\times5^3}{2^3\times5^3}=\dfrac{125}{10^3}=0.125$

04 (1) $\dfrac{8}{20}=\dfrac{4}{5}$ 분모의 소인수가 5 : 유한소수

   (2) $\dfrac{10}{24}=\dfrac{5}{12}=\dfrac{5}{2^2\times3}$

      분모의 소인수가 2, 3 : 무한소수

   (3) $\dfrac{17}{45}=\dfrac{17}{3^2\times5}$ 분모의 소인수가 3, 5 : 무한소수

   (4) $\dfrac{3}{30}=\dfrac{1}{10}=\dfrac{1}{2\times5}$

      분모의 소인수가 2, 5 : 유한소수

   (5) $\dfrac{6}{40}=\dfrac{3}{20}=\dfrac{3}{2^2\times5}$

      분모의 소인수가 2, 5 : 유한소수

   (6) $\dfrac{18}{72}=\dfrac{1}{4}=\dfrac{1}{2^2}$

      분모의 소인수가 2 : 유한소수

05 (7) $\dfrac{3\times7}{2^2\times3^2\times5}=\dfrac{7}{2^2\times3\times5}$: 무한소수

07 (1) $\dfrac{10}{27}=\dfrac{10}{3^3}$ 분모의 소인수가 3 : 무한소수

   (2) $\dfrac{13}{52}=\dfrac{1}{2^2}$ 분모의 소인수가 2 : 유한소수

   (3) $\dfrac{21}{500}=\dfrac{21}{2^2\times5^3}$ 분모의 소인수가 2, 5 : 유한소수

   (4) $\dfrac{36}{2\times3^2\times5}=\dfrac{2}{5}$ 분모의 소인수가 5 : 유한소수

   (5) $\dfrac{45}{2\times3^3\times5^2}=\dfrac{1}{2\times3\times5}$

      분모의 소인수가 2, 3, 5 : 무한소수

   (6) $\dfrac{70}{2\times3\times5^2\times7^2}=\dfrac{1}{3\times5\times7}$

      분모의 소인수가 3, 5, 7 : 무한소수

08 (8) $350=2\times5^2\times7$이므로 $\dfrac{5}{2\times5^2\times7}\times7$

   (9) $220=2^2\times5\times11$이므로 $\dfrac{9}{2^2\times5\times11}\times11$

10 (1) $\dfrac{a}{6}=\dfrac{a}{2\times3}$ ➡ $a=3$ ➡ 기약분수 : $\dfrac{1}{2}$

   (10) $\dfrac{7\times a}{90}=\dfrac{7\times a}{2\times3^2\times5}$ ➡ $a=9$

                 ➡ 기약분수 : $\dfrac{7}{10}$

11 $\dfrac{17}{84}=\dfrac{17}{2^2\times3\times7}$ 이므로 가장 작은 자연수 A는

   3과 7의 최소공배수인 21이다.

12 ① $\dfrac{11}{40}=\dfrac{11}{2^3\times5}$: 유한소수

   ② $\dfrac{3}{32}=\dfrac{3}{2^5}$: 유한소수

   ③ $\dfrac{21}{150}=\dfrac{7}{50}=\dfrac{7}{2\times5^2}$: 유한소수

   ④ $\dfrac{14}{5\times7^2}=\dfrac{2}{5\times7}$: 무한소수

   ⑤ $\dfrac{45}{2^2\times3\times5^2}=\dfrac{3}{2^2\times5}$: 유한소수

01 (1) A (2) B
    (3) C (4) B
    (5) C (6) C

02 (1) $0.6666\cdots$, ◯   (2) 0.6, ×
    (3) $0.4444\cdots$, ◯   (4) 0.075, ×
    (5) 0.12, ×   (6) $0.2333\cdots$, ◯

03 (1) $\dfrac{7}{10}$ (2) $\dfrac{13}{20}$
    (3) $\dfrac{41}{25}$ (4) $\dfrac{17}{125}$
    (5) $\dfrac{121}{40}$

04 (1) $\dfrac{4}{10}$ (2) $\dfrac{75}{10^2}$
    (3) $\dfrac{45}{10^2}$ (4) $\dfrac{175}{10^3}$
    (5) $\dfrac{75}{10^3}$ (6) $\dfrac{35}{10^2}$

05 (1) 무   (2) 유
    (3) 유   (4) 무
    (5) 무

06 (1) ◯   (2) ◯
    (3) ×   (4) ×
    (5) ◯

07 (1) 3   (2) 7
    (3) 3   (4) 11
    (5) 11   (6) 21
    (7) 13   (8) 21
    (9) 33

04 (2) $\dfrac{3}{4}=\dfrac{3}{2^2}=\dfrac{3\times 5^2}{2^2\times 5^2}=\dfrac{75}{10^2}$

06 $\dfrac{27}{2\times 3^2\times 5\times x}=\dfrac{3}{2\times 5\times x}$ 이므로

   (1) $x=6$ ➡ $\dfrac{3}{2\times 5\times 6}=\dfrac{1}{2^2\times 5}$: 유한소수

   (2) $x=15$ ➡ $\dfrac{3}{2\times 5\times 15}=\dfrac{1}{2\times 5^2}$: 유한소수

   (3) $x=18$ ➡ $\dfrac{3}{2\times 5\times 18}=\dfrac{1}{2^2\times 3\times 5}$
             : 무한소수

   (4) $x=21$ ➡ $\dfrac{3}{2\times 5\times 21}=\dfrac{1}{2\times 5\times 7}$: 무한소수

   (5) $x=30$ ➡ $\dfrac{3}{2\times 5\times 30}=\dfrac{1}{2^2\times 5^2}$: 유한소수

07 (1) $\dfrac{5}{12}\times\square=\dfrac{5}{2^2\times 3}\times\square$, $\square=3$

I. 수와 연산

2 순환소수

개념 03 순환소수

예 3, 37, 571, 1

01 (1) ◯   (2) ×
    (3) ◯   (4) ×
    (5) ×

02 (1) ◯   (2) ◯
    (3) ×   (4) ◯
    (5) ×   (6) ◯
    (7) ×   (8) ◯

03 (1) 4, $0.\dot{4}$ (2) 5, $3.\dot{5}$
    (3) 53, $0.\dot{5}\dot{3}$ (4) 18, $6.\dot{1}\dot{8}$
    (5) 134, $0.\dot{1}3\dot{4}$ (6) 648, $1.\dot{6}4\dot{8}$
    (7) 2697, $0.\dot{2}69\dot{7}$ (8) 5, $11.37\dot{5}$
    (9) 86, $0.35\dot{8}\dot{6}$ (10) 632, $3.5\dot{6}3\dot{2}$

04 (1) ◯   (2) ×
    (3) ◯   (4) ×
    (5) ◯

도전! 100점   **05** ③   **06** 6

01 (2) 순환소수도 유리수이다.
    (4) 정수가 아닌 유리수에는 무한소수도 있다.

05 $\dfrac{5}{6}=0.8333\cdots=0.8\dot{3}$

06 $\dfrac{6}{13}=0.\dot{4}6153\dot{8}$

순환마디의 숫자는 4, 6, 1, 5, 3, 8로 6개이다.

이때, 32＝6×5＋2이므로 $\dfrac{6}{13}$을 소수로 나타낼

때, 소수점 아래 32번째 숫자는 순환마디의 2번째

자리의 숫자와 같은 6이다.

개념 04 순환소수의 분수 표현과 대소 관계

예 99, <, >

01 (1) 10, 9, $\dfrac{2}{9}$　　　(2) 100, 99, $\dfrac{25}{99}$

(3) 1000, 999, $\dfrac{26}{111}$

(4) 1000, 999, $\dfrac{3151}{999}$

(5) 1000, 999, $\dfrac{4274}{999}$

02 (1) 100, 90, $\dfrac{13}{18}$　　(2) 100, 90, $\dfrac{1}{18}$

(3) 1000, 990, $\dfrac{2}{165}$

(4) 1000, 990, $\dfrac{136}{495}$

03 (1) $\dfrac{7}{9}$　　　　(2) $\dfrac{31}{99}$

(3) $\dfrac{29}{111}$　　　(4) $\dfrac{43}{90}$

(5) $\dfrac{17}{110}$　　　(6) $\dfrac{23}{9}$

(7) $\dfrac{146}{99}$　　　(8) $\dfrac{604}{333}$

(9) $\dfrac{461}{90}$　　　(10) $\dfrac{677}{495}$

04 (1) 4　　　　(2) 9

(3) 25　　　(4) 99

(5) 371　　(6) 999

(7) 2, 272　　(8) 4, 4519

05 (1) 4, 90, $\dfrac{43}{90}$　　(2) 7, $\dfrac{34}{45}$

(3) 23, 90, $\dfrac{71}{30}$　　(4) 56, $\dfrac{101}{18}$

(5) 12, $\dfrac{68}{55}$　　(6) 24, 990, $\dfrac{1217}{495}$

06 (1) $\dfrac{7}{9}$　　　　(2) $\dfrac{95}{99}$

(3) $\dfrac{9}{11}$　　　　(4) $\dfrac{28}{111}$

(5) $\dfrac{17}{9}$　　　　(6) $\dfrac{39}{11}$

(7) $\dfrac{8}{45}$　　　　(8) $\dfrac{119}{90}$

(9) $\dfrac{116}{495}$　　　(10) $\dfrac{83}{66}$

(11) $\dfrac{7}{12}$　　　(12) $\dfrac{283}{225}$

07 (1) >　　　　(2) <

(3) >　　　　(4) >

(5) <　　　　(6) <

도전! 100점　08 ②

03 (1)
$$10x = 7.77777\cdots$$
$$-)\quad x = 0.77777\cdots$$
$$9x = 7 \qquad \therefore x = \dfrac{7}{9}$$

(4)
$$100x = 47.77777\cdots$$
$$-)\quad 10x = 4.77777\cdots$$
$$90x = 43 \qquad \therefore x = \dfrac{43}{90}$$

06 (3) $\dfrac{81}{99} = \dfrac{9}{11}$

(8) $\dfrac{132-13}{90} = \dfrac{119}{90}$

(9) $\dfrac{234-2}{990} = \dfrac{232}{990} = \dfrac{116}{495}$

08 ② $5.\dot{1}\dot{3} = \dfrac{513-5}{99} = \dfrac{508}{99}$

개념정복

01 (1) ○　　　　(2) ×

(3) ○　　　　(4) ○

(5) ×　　　　(6) ×

02 (1) $0.\dot{3}$　　　(2) $2.\dot{6}$

(3) $0.\dot{1}\dot{5}$　　(4) $2.9\dot{2}$

(5) $2.1\dot{5}\dot{4}$　　(6) $7.140\dot{8}\dot{5}$

03 (1) $2.6363\cdots$, 63, $2.\dot{6}\dot{3}$

(2) $0.8333\cdots$, 3, $0.8\dot{3}$

정답 및 해설 | 5

(3) $1.666\cdots$, 6, $1.\dot{6}$

04 (1) 7 (2) 1

     (3) 8

05 (1) ○   (2) ×

     (3) ○   (4) ×

     (5) ○   (6) ×

     (7) ×   (8) ○

06 (1) 100, 99, $\dfrac{29}{33}$ (2) 100, 90, $\dfrac{7}{45}$

     (3) 1000, 10, 990, $\dfrac{3}{22}$

     (4) 100, 90, $\dfrac{22}{15}$ (5) 100, 900, $\dfrac{47}{20}$

07 (1) $\dfrac{1}{3}$ (2) $\dfrac{5}{33}$

     (3) $\dfrac{151}{90}$ (4) $\dfrac{152}{99}$

     (5) $\dfrac{203}{99}$ (6) $\dfrac{3175}{999}$

     (7) $\dfrac{43}{10}$ (8) $\dfrac{73}{50}$

08 (1) ㉡   (2) ㉢

     (3) ㉭   (4) ㉠

     (5) ㉣   (6) ㉡

     (7) ㉤   (8) ㉫

     (9) ㉤

09 (1) ×   (2) ○

     (3) ×   (4) ○

     (5) ○

10 (1) $>$ (2) $<$

     (3) $<$ (4) $>$

     (5) $<$ (6) $=$

09 (1) 무한소수 중 순환소수만 유리수이다.

     (3) 정수가 아닌 유리수는 유한소수 또는 순환소수로 나타낼 수 있다.

10 (1) $0.2\dot{3}=0.23333\cdots$, $0.\dot{2}\dot{3}=0.232323\cdots$이므로 $0.2\dot{3}>0.\dot{2}\dot{3}$

     (3) $-0.9\dot{7}=-0.9777\cdots$, $-0.9\dot{6}=-0.9666\cdots$ 이므로 $-0.9\dot{7}<-0.9\dot{6}$

01 ③   02 ③

03 ②   04 ③

05 ②   06 ③

07 ③   08 ④

09 ③

10 (1) $a=7, 9$ (2) $a=7$ (3) $a=3, 6, 9$

11 ③   12 ④

13 158 14 ④

15 ④   16 ②

17 ⑤   18 ②

01 -5.7, $\dfrac{6}{11}$, 0.8은 정수가 아닌 유리수로 모두 3개 이다.

02 ③ 유리수는 유한소수 또는 순환소수로 나타낼 수 있다.

04 ① $\dfrac{2}{3}=0.6666\cdots$ ② $\dfrac{1}{6}=0.16666\cdots$

     ③ $\dfrac{3}{8}=0.375$ ④ $\dfrac{7}{12}=0.583333\cdots$

     ⑤ $\dfrac{4}{15}=0.26666\cdots$

05 ① 순환마디 : 2 ③ 34

     ④ 143 ⑤ 010

06 $\dfrac{7}{12}=0.58\dot{3}$ $a=1$

     $\dfrac{25}{27}=0.\dot{9}2\dot{5}$ $b=3$

     $\therefore a+b=4$

07 $\dfrac{1}{7}=0.\dot{1}4285\dot{7}$

     순환마디 숫자는 142857로 6개이다. 이때, $50=6\times8+2$이므로 소수점 아래 50번째 숫자는 순환마디의 2번째 숫자와 같은 4이다.

08 $\dfrac{97}{132}=\dfrac{97}{2^2\times3\times11}$ 이므로 가장 작은 자연수 A 는 3과 11의 최소공배수인 33이다.

09 ① $\dfrac{7}{20}=\dfrac{7}{2^2\times5}$: 유한소수

② $\dfrac{5}{16}=\dfrac{5}{2^4}$: 유한소수

③ $\dfrac{18}{2^2\times3^3}=\dfrac{1}{2\times3}$: 무한소수

④ $\dfrac{6}{150}=\dfrac{1}{5^2}$: 유한소수

⑤ $\dfrac{117}{2^2\times3\times5^2\times13}=\dfrac{3}{2^2\times5^2}$: 유한소수

10 (1) $\dfrac{18}{12\times a}=\dfrac{3}{2\times a}$, $a=7,9$

(2) $\dfrac{27}{2^2\times5\times a}=\dfrac{3^3}{2^2\times5\times a}$, $a=7$

(3) $\dfrac{63}{3^2\times5\times a}=\dfrac{7}{5\times a}$, $a=3,6,9$

13 $3.\dot7\dot8=\dfrac{378-3}{99}=\dfrac{375}{99}=\dfrac{125}{33}$

$125+33=158$

14 ④ $2.\dot9\dot3=\dfrac{293-2}{99}=\dfrac{291}{99}=\dfrac{97}{33}$

15 $\dfrac{75}{132}=\dfrac{3\times5^2}{2^2\times3\times11}=\dfrac{5^2}{2^2\times11}$

$\dfrac{39}{364}=\dfrac{3\times13}{2^2\times7\times13}=\dfrac{3}{2^2\times7}$

유한소수는 기약분수의 분모의 소인수가 2, 5뿐이여
야하므로 x는 11과 7의 공배수이다.

17 ① $0.4\dot9=0.5$

② $0.1\dot2\dot5<0.12\dot5$

③ $1.2\dot5>1.\dot2$

④ $0.\dot1\dot2>0.12$

18 $0.\dot4\dot5=\dfrac{45}{99}=\dfrac{5}{11}=\dfrac{5}{a}$ 이므로 $a=11$

$1.\dot4=\dfrac{14-1}{9}=\dfrac{13}{9}=\dfrac{b}{9}$ 이므로 $b=13$

따라서 $\dfrac{b}{a}=\dfrac{13}{11}$ 을 순환소수로 나타내면, $1.\dot1\dot8$

Ⅱ. 식의 계산

1 단항식의 계산

개념 01 지수의 합과 곱

P. 30 ~ 31

예 a^5, $3+2$, 4^5, 3×2, a^6, 2×3, 3^6

01 (1) 2^4 (2) a^9

(3) 5^{12} (4) b^9

(5) $(-3)^6$ (6) x^8y^9

(7) $(-1)^{16}$ (8) $a^{10}b^6$

02 (1) ○   (2) ×, x^5

(3) ×, y^7 (4) ○

(5) ×, $(-5)^7$ (6) ○

(7) ×, x^5y^2 (8) ○

03 (1) a^{12} (2) b^{20}

(3) 2^{20} (4) 5^{18}

04 (1) x^8 (2) a^{26}

(3) x^5y^{10} (4) $a^{26}b^{24}$

(5) $x^{23}y^{32}$

05 (1) 7   (2) 11

(3) 15   (4) 9, 6

(5) 8   (6) 15

(7) 4   (8) 6, 7

도전! 100점 **06** ①

06 $2\times\Box+4=18$ $\therefore \Box=7$

$3+\Box\times6=15$ $\therefore \Box=2$

개념 02 지수의 차

P. 32 ~ 33

예 $5-3$, a^2, 1, $5-3$, a^2

01 (1) 5, 3   (2) 1

(3) 4, 2   (4) 3

(5) 1   (6) 3

02 (1) x^4 (2) 1

(3) $\dfrac{1}{x^4}$ (4) a^3

(5) y^7 (6) $\dfrac{1}{a^8}$

(7) 1 (8) b^4

(9) $\dfrac{1}{a^3}$ (10) 3^5

(11) 5^9 (12) $\dfrac{1}{x^2}$

(13) $\dfrac{1}{3^7}$ (14) $\dfrac{1}{5^4}$

03 (1) $\times$, 1 (2) $\bigcirc$

(3) $\bigcirc$ (4) $\times$, $\dfrac{1}{x}$

04 (1) a^{15} (2) $\dfrac{1}{a^{14}}$

(3) a (4) $\dfrac{1}{a^7}$

(5) x^4 (6) 1

(7) x (8) $\dfrac{1}{x}$

도전! 100점 05 ④

05 $a^{15}\div a^9\div a^2=a^6\div a^2=a^4$

① $a^{15}\div a^7=a^8$ ② $a^{15}\times a^7=a^{22}$

③ $a^{24}\times a^2=a^{26}$ ④ $a^{15}\div a^{11}=a^4$

⑤ $a^6\times a^2=a^8$

P. 34~35

개념 03 **지수의 분배**

예 a^3b^3, 3, $\dfrac{a^3}{b^3}$, 2

01 (1) 2, 2 (2) 4, 2

(3) 9, 6 (4) 3, 3

(5) 3, 6 (6) 2, 2

(7) $-$, 3, 3

02 (1) a^3b^6 (2) $a^{16}b^{36}$

(3) $27x^{12}$ (4) $25y^{12}$

(5) $9a^{10}$ (6) $-8b^9$

(7) $x^3y^3z^3$ (8) $a^4b^6c^2$

(9) $4x^8y^6$ (10) $-27x^{12}y^3z^6$

03 (1) $\dfrac{a^6}{b^6}$ (2) $\dfrac{y^4}{x^6}$

(3) $\dfrac{a^9}{b^6}$ (4) $\dfrac{8y^6}{x^9}$

(5) $\dfrac{b^{12}}{81a^8}$ (6) $\dfrac{4x^6}{25y^4}$

(7) $\dfrac{x^6}{4y^4}$ (8) $-\dfrac{b^6}{a^{15}}$

(9) $\dfrac{9y^{14}}{x^{18}}$ (10) $-\dfrac{8b^{12}}{125a^{24}}$

04 (1) 4 (2) 3, 6

(3) 16 (4) 12, 10

(5) 9, 6

도전! 100점 05 ①

05 $\dfrac{16x^{4A}}{y^4}=\dfrac{Cx^8}{y^B}$ 이므로 $A=2$, $B=4$, $C=16$

∴ $A-B+C=2-4+16=14$

P. 36~37

개념 04 **단항식의 곱셈과 나눗셈**

예 $6ab$, $-8x^3y$, $2y$, $4x$, $\dfrac{1}{2a}$, $2b$

01 (1) $10a^4$ (2) $-21a^3$

(3) $-12a^2b^4$ (4) $-2x^6$

(5) $-20x^2y^2$ (6) $\dfrac{2}{3}x^4y^5$

(7) $2x^9$ (8) $54x^{11}$

(9) $-xy^7$ (10) $a^{14}b^6$

02 (1) $6a^2$, $4a$ (2) $\dfrac{4}{3x}$, $4x^2$

(3) $-4x^4y^2$, $-\dfrac{3y}{2x^2}$

(4) $\dfrac{3}{a^2b}$, $-\dfrac{6}{a}$ (5) $\dfrac{2}{5a^2b^8}$, $-\dfrac{10a}{b}$

(6) $-64a^6$, $-\dfrac{8a}{b}$ (7) x^4y^8, $\dfrac{y^5}{8x^2}$

03 (1) $6x$ (2) $\dfrac{1}{x^2}$

    (3) $-\dfrac{x}{3y}$ (4) $-\dfrac{14x}{y^7}$

    (5) $18a$ (6) $\dfrac{a^6}{b^2}$

    (7) $-\dfrac{y}{x^2}$ (8) $-\dfrac{x^5 y}{12}$

도전! 100점 **04** ④

04 $6x^2 \times ax^b = -24x^5$이라 하면

$6 \times a = -24 \Rightarrow a = -4,\ 2 + b = 5 \Rightarrow b = 3$

$\therefore ax^b = -4x^3$

P. 38~39

개념 **05** 단항식의 곱셈과 나눗셈의 혼합 계산 순서

01 (1) $-9x^2 y^2$ (2) $-3a^4 b^3$

    (3) $3x^2 y^3$ (4) $-5x^3$

    (5) $\dfrac{2y}{x}$ (6) $8ab$

    (7) x^{10} (8) a^9

    (9) $-\dfrac{128}{3}a^3$ (10) $\dfrac{y^5}{2x^3}$

    (11) $-16xy^3$ (12) $-\dfrac{x^3 y^4}{2}$

02 (1) $-3ab^2$ (2) $36a^3 b^3$

    (3) $-4a^2$ (4) xy

    (5) $-y^2$ (6) $\dfrac{2y}{x}$

    (7) $-x^2 y z^2$

03 $4a^3 b^3$

04 $\dfrac{81y^{20}}{x^2}$

05 $\dfrac{4a}{b}$

06 $2a^3 b^4$

도전! 100점 **07** ⑤

07 (좌변)$= x^4 y^2 \times 9x^4 \div x^4 y^4 = \dfrac{x^4 y^2 \times 9x^4}{x^4 y^4} = \dfrac{9x^4}{y^2}$

따라서 $a = 9,\ b = 4,\ c = 2$이므로 $a + b + c = 15$

 개념정복

01 (1) a^7 (2) $a^8 b^8$

    (3) $x^8 y^5$ (4) 2^{26}

    (5) 5^{19} (6) $a^{14} b^{10}$

    (7) $x^{50} y^8$

02 (1) 5 (2) $1, 3$

    (3) 12 (4) $5, 3$

    (5) $6, 2$ (6) $4, 2$

    (7) $3, 2$

03 (1) a^6 (2) 1

    (3) $\dfrac{1}{a^2}$ (4) $\dfrac{1}{x}$

    (5) a (6) 1

    (7) x^2

04 (1) a^4 (2) a^7

    (3) $\dfrac{1}{a^3}$ (4) x^8

    (5) 1 (6) x^3

05 (1) $a^8 b^6$ (2) $4a^{10}$

    (3) $27a^{12} b^6$ (4) $\dfrac{x^3 y^{18}}{125}$

    (5) $-\dfrac{x^{20}}{32y^{10}}$ (6) $-\dfrac{125x^9 z^6}{8y^{15}}$

06 (1) 2 (2) 4

    (3) 2 (4) $4, 15$

    (5) $3, -8, 6$ (6) $3, 8$

    (7) $2, -32$

07 (1) $\times,\ x^{15}$ (2) $\times,\ x^6$

    (3) $\times,\ 1$ (4) ◯

    (5) $\times,\ 81x^4 y^4$ (6) $\times,\ -8x^{12}$

    (7) ◯

08 (1) $6x^6$ (2) $-4x^5$

    (3) $\dfrac{1}{2}x^6 y^6$ (4) $\dfrac{3}{4}x^4 y^5$

    (5) $-12x^5 y^2$

09 (1) $3x$ (2) $-3x^7$

    (3) $\dfrac{3}{xy}$ (4) $-\dfrac{5x}{y}$

(5) $-y^2$

10 (1) $-6x^2$ (2) $16x^6y$

(3) $-2x^4$ (4) $12ab^3$

(5) $9x^5y^5$ (6) $-2y^2$

11 (1) $9x^2$ (2) $16a^5b^5$

(3) $3x^2y$ (4) $6x^3y^3$

(5) $2x^2y^3$ (6) $3x^2y^2$

12 $6x^3y$ **13** $20xy^2$

13 (높이)=(넓이)$\times 2 \div$(밑변)

$$=12x^2y^4 \times 2 \div \left(\frac{6}{5}xy^2\right)=24x^2y^4 \times \frac{5}{6xy^2}$$

$$=20xy^2$$

Ⅱ. 식의 계산

2 다항식의 계산

P. 44~45

개념 06 다항식의 덧셈과 뺄셈

예 $x, y, 6x+2y, +, 2x+3y, 2, 5$
$-4x+5y, -4x+9y, -x+9y, -x+9y$

01 (1) $8x+2y$ (2) $12x-7y$

(3) $-a+8b$ (4) $-7x-4y$

(5) $5x+5y+4$ (6) $4x-3y+6$

(7) $x+2y+1$ (8) $7a+8b-3$

(9) $4a-2$

02 (1) $-4x+6y$ (2) $11a+2b$

(3) $-11x+11y$ (4) $10a+43b$

(5) $13b$ (6) $a+7b-3$

(7) $x+\frac{1}{7}y$ (8) $-\frac{4}{15}x-\frac{7}{15}y$

03 (1) $-11a+3b$ (2) $4x-7y$

(3) $-6x+4y$ (4) $4x+9y$

(5) $-5a-7b$

도전! 100점 **04** ②

04 $2a-1+(-3a+1+5a)$

$=2a-1+(2a+1)$

$=2a-1+2a+1$

$=4a$

P. 46~47

개념 07 이차식의 덧셈과 뺄셈

예 $2, 6x^2-2x-3, -, +, +, x^2+x+13$

01 (1) ◯   (2) ◯

(3) ×   (4) ×

(5) ◯

02 (1) $5x^2-1$ (2) $3x^2-x-6$

(3) $3x^2-2x+8$ (4) $3x^2-4x+3$

(5) $-3x^2+5x+9$ (6) a^2+a+1

(7) $6x^2+2x+1$ (8) $-2a^2+4a+1$

(9) $-13x^2-5x+9$ (10) $3x^2+6x+3$

(11) $\frac{17}{6}a^2+\frac{2}{3}a-3$ (12) $\frac{11}{6}x^2+2x+\frac{1}{6}$

(13) $-\frac{21}{10}x^2+\frac{9}{10}x-\frac{13}{10}$

03 (1) a^2+7a+5 (2) $-8a^2-a+5$

(3) $-2a^2+a-3$ (4) $-2a^2+4a-5$

도전! 100점 **04** ③, ⑤   **05** ④

04 ①, ② 일차식

③ $a^2-2a+a^2=2a^2-2a$ (이차식)

④ $6a^2-6a^2-2=-2$ (상수항)

⑤ $\frac{1}{2}a^2+a^2-a=\frac{3}{2}a^2-a$ (이차식)

05 $4x^2+x-3-6x^2+5x-1=-2x^2+6x-4$

따라서 구하는 계수의 합은 $-2+6=4$

P. 48~51

개념 08 다항식의 곱셈과 나눗셈

예 $2y, 15x^2+6xy, 3y, 4x^2-3, 2a, 2a-3b$

01 (1) $6x^2-2x$ (2) $6ab+3b^2$

(3) $6a^2-4ab$ (4) $-3a^2+9ab$

(5) $-12x^2+8xy$ (6) $2x^2-2xy+6x$

(7) $-3x^2+3xy-3x$

(8) $6x^2-15xy+3x$

(9) $-4xy+6y^2+2y$

(10) $-9ab+6a^2+3a$

(11) $-2xy+3y^2+y$

02 (1) $4-2a$　　　　(2) $y+4x$

(3) $6y+3$　　　　(4) $2a-11$

(5) $-3x-y$　　　(6) $3xy-6$

(7) $6x-3$　　　　(8) $-2a^2b^4+4b$

(9) $4x+2-\dfrac{3}{x}$　(10) $8-4x$

(11) $2a^4-8a^2$　　(12) $6x-9$

(13) $12xy^2+8$　　(14) $2a^3b-8a$

(15) $-2x^2y+3xy^4$　(16) $3xy-4x^2y^2$

(17) $10a+4b$　　(18) $-4a+6b^3$

(19) $12x^2+8x$

03 (1) x^2+2x　　(2) $2x^2y+2xy^2$

(3) $4x+1$　　　(4) $5x+3$

(5) $3a^2+2ab^2+3$　(6) $-4x^2+9xy$

(7) $-\dfrac{10}{3}x+4y$　(8) $11x^2-5xy+15x$

04 (1) 어떤식 : x^2+6x+9

　　바른 계산 : $x^2+8x+14$

(2) 어떤식 : $-x^2-3x+5$

　　바른 계산 : $-3x^2-6x+1$

(3) 어떤식 : $2a^2+8a-2$

　　바른 계산 : $a^2+10a-5$

(4) 어떤식 : a^2+2a

　　바른 계산 : $-4a^2+1$

05 (1) -9　　　　(2) 5

(3) -3　　　　(4) 5

(5) -4　　　　(6) 5

(7) 8　　　　　(8) $-\dfrac{5}{6}$

(9) 9　　　　　(10) -1

(11) 18　　　　(12) 22

(13) 1

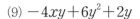 **06** $7x^2+3x+14$

06 어떤 식은

$x^2-x+4+(3x^2+2x+5)=4x^2+x+9$

바르게 계산한 식은

$4x^2+x+9+(3x^2+2x+5)=7x^2+3x+14$

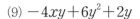

개념 **09** 식의 값과 식의 대입

예 $-2, 5b-1$

01 (1) 5　　　　　(2) 17

(3) -28　　　　(4) 6

(5) 4　　　　　(6) 1

02 (1) -18　　　(2) -6

(3) 78　　　　　(4) -5

(5) 17　　　　　(6) -28

03 (1) $-x-1$　　(2) $7x+2$

(3) $-7x-3$　　(4) $-x+1$

(5) $-7x+2$　　(6) $-5x+5$

(7) $-9x-1$　　(8) $6x^2$

(9) $9x^2-6x$　　(10) $\dfrac{3}{2}x-\dfrac{2}{3}$

04 (1) $3x-3y$　　(2) $6x-15y$

(3) $x-11y$　　　(4) $8x-3y$

(5) $-x-17y$

도전! 100점 **05** ⑤

05 (준식)$=5A-3B$

　　　$=5(2x-y)-3(-x+2y)$

　　　$=10x-5y+3x-6y$

　　　$=13x-11y$

개념정복

01 (1) $x-y+1$　　(2) $2a+12b+6$

(3) $-4x-y$　　(4) $-3a-6b$

(5) $2a-3b$

02 (1) ◯　　　　(2) ×

(3) ◯　　　　　(4) ×

(5) ×　　　　　(6) ×

(7) ◯　　　　　(8) ◯

03 (1) $5x^2-3$　　(2) $-x^2+4x-9$

(3) $5x^2-10x+11$ (4) $3x^2+4x+5$

(5) $3x^2-5x-7$

04 (1) $-2x^2-8xy+3y^2$

(2) $-21a^2-22ab$　(3) $-5x^2+12x$

(4) $-2a$　　　　　(5) $-3x-y$

(6) $2xy-11y^2$

05 (1) -1　　　　　(2) 32

(3) -8　　　　　(4) 11

(5) 18　　　　　(6) 20

06 (1) 어떤식 : x^2+5x+4

바른 계산 : x^2+8x+9

(2) 어떤식 : $2x^2-5x+3$

바른 계산 : $-3x^2-x-6$

(3) 어떤식 : $-8a^2+2a-2$

바른 계산 : $-13a^2-a-2$

(4) 어떤식 : $3b^2-3b+2$

바른 계산 : $4b^2+2b+1$

(5) 어떤식 : $2x^2+3x-1$

바른 계산 : $3x^2+4x$

(6) 어떤식 : $-4x^2+x+4$

바른 계산 : $3x^2+x-9$

07 (1) 3　　　　　(2) 14

(3) 23　　　　　(4) 4

(5) 2

08 (1) 7　　　　　(2) -30

(3) -42　　　　　(4) 12

(5) 41

09 (1) $-x+2y$　　　　(2) $-x+5y$

(3) $-2x+7y$　　　　(4) $-3x+3y$

(5) $5x+2y$

10 (1) $2a-6b$　　　　(2) $9a+13b$

(3) $-9a+3b$　　　　(4) $-4a-4b$

(5) $-18a+22b$

11 (1) $5x-6$　　　　(2) $-5x+3$

(3) $x+8$　　　　　(4) $-9x+12$

(5) $13x-5$

12 (1) $y-1$　　　　(2) $7y-4$

(3) $-6y+3$　　　　(4) $y-4$

(5) $2y-1$

13 (1) $2x-2$　　　　(2) $-x+4$

(3) $2x+2$　　　　(4) $x+3$

(5) $x+4$

01 (3) (준식)$=-2x-(7x-2y-5x+3y)$

　　　$=-2x-2x-y$

　　　$=-4x-y$

(5) (준식)$=5a-\{6a-2b-(4a-5b-a)\}$

　　　$=5a-(6a-2b-3a+5b)$

　　　$=5a-3a-3b$

　　　$=2a-3b$

03 (4) (준식)$=7x^2-(4x^2-7x+3x-5)$

　　　$=7x^2-4x^2+4x+5$

　　　$=3x^2+4x+5$

(5) (준식)$=-x^2-\{2x-(4x^2-3x-2-5)\}$

　　　$=-x^2-(2x-4x^2+3x+7)$

　　　$=-x^2+4x^2-5x-7$

　　　$=3x^2-5x-7$

04 (2) (준식)$=4a^2-12ab-25a^2-10ab$

　　　$=-21a^2-22ab$

(3) (준식)$=-2x^2+6x-3x^2+6x$

　　　$=-5x^2+12x$

(4) (준식)$=a-4b-3a+4b=-2a$

05 (1) (준식)$=-x-y+3$

(2) (준식)$=22x^2+32xy$

(3) (준식)$=-2a-8b$

(4) (준식)$=11a^2-7a$

(5) (준식)$=8xy+2x+18$

(6) (준식)$=12x^3y^2+20x^2y^2+14x^2-28x$

07 (1) $2\times1+1=3$

(2) $5\times2+4=14$

(3) $5\times3+8=23$

(4) $3\times(-1)^2-2\times(-1)-1=4$

(5) $-4^2+7\times4-10=2$

08 (1) $5\times3+3\times(-2)-2=7$

(2) $3\times(-2)\times(3+2)=-30$

(3) $3^2\times(-2)-2\times3\times(-2)^2=-42$

(4) $(3-6)-5\times(3-6)=12$

(5) $9\times(3-2)-2\times(-2)\times(6+2)=41$

09 (4) (준식)$=3A-4B-2A+2B=A-2B$

　　　$=x+y-2(2x-y)$

　　　$=-3x+3y$

(5) (준식)$=4A-(2A-A-B)=3A+B$
$=3(x+y)+(2x-y)=5x+2y$

10 (1) (준식)$=(3a-b)-(a+5b)=2a-6b$

(2) (준식)$=2(3a-b)+3(a+5b)$
$=6a-2b+3a+15b$
$=9a+13b$

(3) (준식)$=B-2A-A-B$
$=-3A=-3(3a-b)$
$=-9a+3b$

(4) (준식)$=A-2B-2A+B=-A-B$
$=-(3a-b)-(a+5b)$
$=-4a-4b$

(5) (준식)$=4B-(4A+3A+B)$
$=-7A+3B$
$=-7(3a-b)+3(a+5b)$
$=-18a+22b$

11 (1) (준식)$=2x+(3x-1)-5$
$=5x-6$

(2) (준식)$=x-2(3x-1)+1$
$=x-6x+2+1$
$=-5x+3$

(3) (준식)$=9x-2y-2x+6$
$=7x-2y+6$
$=7x-2(3x-1)+6$
$=x+8$

(4) (준식)$=3x-3y+9x-4y+5$
$=12x-7y+5$
$=12x-7(3x-1)+5$
$=-9x+12$

(5) (준식)$=4x-2y+2+5y-4$
$=4x+3y-2$
$=4x+3(3x-1)-2$
$=13x-5$

12 (1) (준식)$=(2y-3)-y+2$
$=y-1$

(2) (준식)$=2(2y-3)+3y+2$
$=7y-4$

(3) (준식)$=3x-4x-4y=-x-4y$
$=-(2y-3)-4y=-6y+3$

(4) (준식)$=2x-2y+x-3y+5=3x-5y+5$
$=3(2y-3)-5y+5=y-4$

(5) (준식)$=5x-2x-4y+4+4=3x-4y+8$
$=3(2y-3)-4y+8=2y-1$

13 $y=2-x$이므로
(1) $x-(2-x)=2x-2$
(2) $x+2(2-x)=-x+4$
(3) $3x+(2-x)=2x+2$
(4) $2x+(2-x)+1=x+3$
(5) $3x+2y=3x+2(2-x)=x+4$

내신정복 P. 58~60

01 ④	**02** ②
03 ①	**04** ②
05 ③	**06** ①
07 ③	**08** $-3a+7b$
09 ⑤	**10** ①
11 ②	**12** ③
13 $-6x^2+x+8$	**14** ③
15 -39	**16** $22x-30$
17 ③	**18** $12xy$

01 ① x^6 ② a^9 ③ x^5 ⑤ 3^7

02 $\left(\dfrac{4}{3}x^3y^2\right)^2 \div \left(\dfrac{2}{3}x^2y\right)^3 = \dfrac{16}{9}x^6y^4 \div \left(\dfrac{8}{27}x^6y^3\right)$
$= \dfrac{16}{9}x^6y^4 \times \dfrac{27}{8x^6y^3}$
$= 6y$

03 x의 지수 : $2 \times B = 6 \Rightarrow B = 3$
계수 : $A^B = A^3 = -8 \Rightarrow A = -2$
z의 지수 : $C = 3$
$A+B+C = 3 + (-2) + 3 = 4$

04 $16ab^3 \div \left(\dfrac{a^2b^2}{4}\right) \times a^2$
$= 16ab^3 \times \left(\dfrac{4}{a^2b^2}\right) \times a^2$
$= 64ab$

05 $3 \times \square + 5 = 17$ $\therefore \square = 4$

$2 + \square \times 7 = 16$ $\therefore \square = 2$

06 $\square \div (-12x^2y^3) = 3xy^2$,

$\square = 3xy^2 \times (-12x^2y^3) = -36x^3y^5$

07 $A + B = (2x - 3y + 7) + (-3x - 5y + 1)$

$\qquad = -x - 8y + 8$

$A - B = (2x - 3y + 7) - (-3x - 5y + 1)$

$\qquad = 2x - 3y + 7 + 3x + 5y - 1$

$\qquad = 5x + 2y + 6$

08 $2a - \{7a - 4b - (3b - 2a + 4a)\}$

$= 2a - \{7a - 4b - (2a + 3b)\}$

$= 2a - (7a - 4b - 2a - 3b)$

$= 2a - (5a - 7b)$

$= 2a - 5a + 7b$

$= -3a + 7b$

09 ① 일차식

② $-2x - 2$

④ x에 대한 3차식

⑤ $-x^2 + 2x$

10 $(3x^2 - 9xy) \div 3x + (4xy - 2y^2) \div (-y)$

$= x - 3y - 4x + 2y$

$= -3x - y$

11 ① $2x - 4$

② $10x - \dfrac{5}{2}y^2$

③ $-2x^2 + 2x + 1$

④ $5x^2 - 10x + 12$

⑤ $-3x^2 + xy - 5x$

12 $6x^2 - 2x + 1 - 4x^2 - 3x + 3$

$= 2x^2 - 5x + 4$

13 $\boxed{} = 3x^2 - 6x + 11 - (9x^2 - 7x + 3)$

$\qquad = 3x^2 - 6x + 11 - 9x^2 + 7x - 3$

$\qquad = -6x^2 + x + 8$

14 어떤식 : $4x^2 + x - 3 - (-x^2 - 4x + 3)$

$\qquad\qquad = 5x^2 + 5x - 6$

바른식 : $5x^2 + 5x - 6 - (-x^2 - 4x + 3)$

$\qquad\qquad = 6x^2 + 9x - 9$

15 (준식)$= 3x^2 - 2xy - 4x^2 + 7xy = -x^2 + 5xy$

$x = -3$, $y = 2$를 대입하면

$-(-3)^2 + 5 \times (-3) \times 2 = -9 - 30$

$\qquad\qquad\qquad\qquad\quad = -39$

16 (준식)$= 2x + 6y + 5x - y - 10 = 7x + 5y - 10$

$y = 3x - 4$를 대입하며

$7x + 5(3x - 4) - 10 = 22x - 30$

17 (준식)$= 2A - 2B + 3B$

$= 2A + B$

$= 2(x + 3y) + (-x + y)$

$= 2x + 6y - x + y$

$= x + 7y$

18 직육면체의 부피 $=$ (가로) $\times$ (세로) $\times$ (높이)이므로

(높이) $= 48x^8y^6 \div \left(3xy^2 \times \dfrac{4}{3}x^6y^3\right)$

$\qquad\quad = 48x^8y^6 \div (4x^7y^5)$

$\qquad\quad = 12xy$

Ⅲ. 일차부등식과 일차연립방정식

1 일차부등식

P. 62~63

개념 01 부등식과 그 해

예 1, 2

01 (1) ×   (2) ×
    (3) ○   (4) ○
    (5) ○   (6) ×

02 (1) $2x-3<5$ (2) $x-5<10$
    (3) $4x\leq35$ (4) $x+4\geq3x$
    (5) $700+500x\leq2000$

03 (1) ○   (2) ×
    (3) ×   (4) ○
    (5) ○   (6) ×
    (7) ×   (8) ○
    (9) ○

04 (1) $-1, 0, 1$ (2) $0, 1$
    (3) 5   (4) $0, 1$
    (5) $2, 3$ (6) 1
    (7) $-1, 0, 1$ (8) $-2, -1, 0$

도전! 100점   05 ①

05 $x=-2, -1, 0, 1, 2$를 부등식에 각각 대입한다.
    ① $3\times(-2)+1=-5\geq-2$ (거짓)

P. 64~65

개념 02 부등식의 성질

예 $<, <, <, <, >, >$

01 (1) $<$ (2) $<$
    (3) $<$ (4) $<$
    (5) $>$ (6) $>$
    (7) $<$ (8) $<$
    (9) $>$ (10) $>$

02 (1) $3x+1\geq4$ (2) $2x-1\geq1$
    (3) $-2x+3\leq1$ (4) $5-4x\leq1$
    (5) $-3x-7\leq-10$

03 (1) $5x<-5$ (2) $5x+4<-1$

    (3) $4x-3<-7$ (4) $-3x+1>4$
    (5) $-5x-2>3$

04 (1) $>$ (2) $\leq$
    (3) $>$ (4) $>$
    (5) $\leq$ (6) $\leq$

도전! 100점   05 ②

05 ② $1-a>1-b$

P. 66~67

개념 03 일차부등식과 그 풀이

예 $\dfrac{3}{5}$

01 (1)~(7) 풀이 참조
02 (1) ○   (2) ×
    (3) ×   (4) ○
    (5) ×

03 (1) $x\leq7$ (2) $x>6$
    (3) $x\leq4$ (4) $x\leq1$
    (5) $x\geq-3$ (6) $x\leq-2$
    (7) $x\geq3$ (8) $x<-3$
    (9) $x<-4$ (10) $x\geq-2$
    (11) $x<6$ (12) $x\geq2$

도전! 100점   04 ④

01 (1)
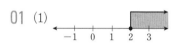
(2)
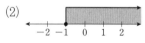
(3)

(4)

(5)
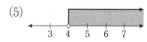
(6)
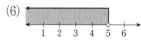
(7)

02 (2) $x^2-x-4\geq 0$, 좌변이 이차식이다.

   (4) $-2x+3>0$

   (5) $0\times x-3<0$, 좌변이 일차식이 아니다.

03 (1) $4x\leq 28$ $\therefore x\leq 7$

   (6) $2x\leq -4$ $\therefore x\leq -2$

   (9) $-4x>16$ $\therefore x<-4$

04 ①, ②, ③, ⑤는 $x<2$ ④ $x>3$

P. 68~69

개념 04 복잡한 일차부등식의 풀이

예 $1, -5, \dfrac{4}{3}$

01 (1) $x>-1$ (2) $x<22$

   (3) $x<-10$ (4) $x\geq 3$

   (5) $x>0$ (6) $x<\dfrac{4}{7}$

02 (1) $x<4$ (2) $x>5$

   (3) $x\leq 7$ (4) $x\leq -30$

   (5) $x>-\dfrac{1}{2}$ (6) $x\leq -\dfrac{1}{2}$

03 (1) $x\geq -2$ (2) $x>-1$

   (3) $x<-6$ (4) $x\geq 2$

   (5) $x>-2$ (6) $x>-1$

   (7) $x\geq 8$

04 (1) $x\geq -3$ (2) $x\geq 11$

   (3) $x\leq -24$ (4) $x<-5$

   (5) $x<2$ (6) $x\geq -1$

도전! 100점 05 ①

01 (1) $4x-4-2x>-6$, $2x>-2$ $\therefore x>-1$

02 (1) $5x-8<3x$, $2x<8$ $\therefore x<4$

03 (1) $5x+4\geq 3x$, $2x\geq -4$ $\therefore x\geq -2$

---

(7) $2(2x-7)-3(x-4)\geq 6$,

   $4x-14-3x+12\geq 6$ $\therefore x\geq 8$

04 (1) $4x-6\leq 8x+6$, $-4x\leq 12$ $\therefore x\geq -3$

   (4) $3x-15>5x-15+10$, $-2x>10$

     $\therefore x<-5$

05 $\dfrac{3x-1}{4}<\dfrac{x}{6}$ 에서 $9x-3<2x$, $7x<3$ $\therefore x<\dfrac{3}{7}$

P. 70~71

개념 05 미지수가 있는 일차부등식

예 $\dfrac{2}{a}$

01 (1) $x<\dfrac{2}{a}$ (2) $x\geq 4$

   (3) $x>-1$ (4) $x\leq -2$

02 (1) $x>\dfrac{2}{a}$ (2) $x\leq 3$

   (3) $x>1$ (4) $x\leq -4$

03 (1) 7   (2) 14

   (3) -4 (4) -5

   (5) 1   (6) -6

04 (1) 2   (2) 3

   (3) 6   (4) 5

도전! 100점 05 ①

03 (1) $2x\leq a-3$

   $x\leq \dfrac{a-3}{2}$, $\dfrac{a-3}{2}=2$ 이어야 하므로, $a=7$

   (2) $ax<14$

   $x<\dfrac{14}{a}$, $\dfrac{14}{a}=1$ 이어야 하므로, $a=14$

   (3) $ax>-8$

   $x<-\dfrac{8}{a}$, $-\dfrac{8}{a}=2$ 이어야 하므로, $a=-4$

   (4) $-5x>-a$

   $x<\dfrac{a}{5}$, $\dfrac{a}{5}=-1$ 이어야 하므로, $a=-5$

   (5) $3x-9+2x+4\geq -6a+6$

   $5x\geq -6a+11$

   $x\geq \dfrac{-6a+11}{5}$, $\dfrac{-6a+11}{5}=1$

이어야 하므로 $a=1$

(6) $ax+2\leq20$

$ax\leq18$

$x\geq\dfrac{18}{a}$, $\dfrac{18}{a}=-3$이어야 하므로, $a=-6$

04 (1) $3x-2\geq1 \Rightarrow 3x\geq3 \Rightarrow x\geq1$

$ax+2\geq4 \Rightarrow ax\geq2 \Rightarrow x\geq\dfrac{2}{a} \Rightarrow a=2$

(2) $2x+5<3x+6 \Rightarrow -x<1$

$\Rightarrow x>-1$

$5x-a>3x-5 \Rightarrow 2x>a-5$

$\Rightarrow x>\dfrac{a-5}{2} \Rightarrow a=3$

(3) $2(x+1)\leq3x-1 \Rightarrow 2x+2\leq3x-1$

$\Rightarrow -x\leq-3$

$\Rightarrow x\geq3$

$7x-3\geq4x+a \Rightarrow 3x\geq a+3$

$\Rightarrow x\geq\dfrac{a+3}{3}$

$\Rightarrow a=6$

(4) $\dfrac{x+1}{2}\geq2x+a \Rightarrow x+1\geq4x+2a$

$\Rightarrow -3x\geq2a-1$

$\Rightarrow x\leq-\dfrac{2a-1}{3}$

$2x+1\leq x-2 \Rightarrow x\leq-3 \Rightarrow a=5$

05 $ax-x<2a-2 \Rightarrow (a-1)x<2(a-1)$

$a-1<0$이므로 $\Rightarrow x>2$

P. 72~77

개념 06 일차부등식의 활용

01 (1) $x+2$　　(2) $3x-4\geq2(x+2)$

(3) $x\geq8$　　(4) 8, 10

(5) 18

02 (1) $x+1$

(2) $(x-1)+x+(x+1)<36$

(3) $x<12$　　(4) 10, 11, 12

(5) 10

03 (1) $\dfrac{1}{2}\times6\times x\geq18$

(2) $x\geq6$　　(3) 6 cm 이상

04 (1) $x+6<x+(x+2)$

(2) 5

05 (1) $400(20-x)$

(2) $700x+400(20-x)\leq10000$

(3) $x\leq\dfrac{20}{3}$　　(4) 6개

06 (1) $800x$, $10-x$, $600(10-x)$

(2) $600(10-x)+800x+500\leq8000$

(3) 7송이

07 (1) $\dfrac{13+20+x}{3}\geq18$

(2) $x\geq21$　　(3) 21개 이상

08 (1) $\dfrac{91+88+95+x}{4}\geq90$

(2) 86점 이상

09 (1) $\dfrac{x}{3}+\dfrac{x}{2}\leq3$　　(2) $x\leq\dfrac{18}{5}$

(3) $\dfrac{18}{5}$ km 또는 3.6 km

10 (1) $\dfrac{x}{3}+\dfrac{1}{3}+\dfrac{x}{3}\leq1$　(2) 1 km 이내

11 (1) $\dfrac{x}{2}+\dfrac{1}{6}+\dfrac{x}{2}\leq\dfrac{2}{3}$

(2) 0.5 km 또는 $\dfrac{1}{2}$ km

12 (1) $\dfrac{x}{2}+\dfrac{x}{3}\leq7$

(2) $x\leq8.4$

(3) 8.4 km 또는 $\dfrac{42}{5}$ km

13 (1) $80x-50x\geq60$　(2) $x\geq2$

(3) 2시간

14 (1) $100x-60x\geq100$

(2) $x\geq2.5$

(3) 2시간 30분 또는 2.5시간

15 (1) 문구점 : $500x$원, 할인점 : $350x$원

(2) $x>10$　　(3) 11자루 이상

16 (1) 문구점 : $1000x$원, 할인점 : $600x$원

(2) $x>5$　　(3) 6권 이상

17 (1) 문구점 : $1400x$원, 할인점 : $1200x$원

(2) $x>\dfrac{15}{2}$　　(3) 8개 이상

18 (1) 집 앞 꽃집 : $1100x$원,

도매시장 : $(900x+2000)$원

(2) $x > 10$ (3) 11송이

19 (1) 아니오

(2) $200 + x$, $\dfrac{5}{100} \times 200 = 10$,

$\dfrac{4}{100} \times (200 + x)$

(3) $x \geq 50$ (4) 50 g

20 (1) 예

(2) $500 + x$, $\dfrac{16}{100} \times 500 = 80$,

$\dfrac{20}{100} \times (500 + x)$

(3) $x \geq 25$ (4) 25 g

도전! 100점 **21** ②

01 (3) $3x - 4 \geq 2x + 4$ $\therefore x \geq 8$

(5) $8 + 10 = 18$

02 (3) $3x < 36$ $\therefore x < 12$

03 (2) $3x \geq 18$ $\therefore x \geq 6$

04 (2) $x + 6 < 2x + 2$, $-x < -4$ $\therefore x > 4$

따라서 가장 작은 자연수는 5이다.

05 (3) $700x + 8000 - 400x \leq 10000$, $300x \leq 2000$

$\therefore x \leq \dfrac{20}{3}$

06 (3) $600(10 - x) + 800x + 500 \leq 8000$

$200x \leq 1500$ $\therefore x \leq \dfrac{15}{2}$

따라서 백합은 최대 7송이까지 넣을 수 있다.

07 (2) $33 + x \geq 54$ $\therefore x \geq 21$

08 (2) $274 + x \geq 360$ $\therefore x \geq 86$

따라서 나연이는 86점 이상을 받아야 한다.

09 (2) $2x + 3x \leq 18$, $5x \leq 18$ $\therefore x \leq \dfrac{18}{5}$

10 (2) $x + 1 + x \leq 3$, $2x \leq 2$ $\therefore x \leq 1$

따라서 역에서 1 km 이내의 상점을 이용하면
된다.

11 역에서 상점까지의 거리를 x km라 하면

$\dfrac{x}{2} + \dfrac{1}{6} + \dfrac{x}{2} \leq \dfrac{2}{3}$, $6x \leq 3$ $\therefore x \leq 0.5$

따라서 역에서 0.5 km 이내의 상점을 이용하면 된다.

15 (2) $500x > 350x + 1500$

$150x > 1500$ $\therefore x > 10$

16 (2) $1000x > 600x + 2000$

$400x > 2000$ $\therefore x > 5$

17 (2) $1400x > 1200x + 1500$

$200x > 1500$ $\therefore x > \dfrac{15}{2}$

18 (2) $1100x > 900x + 2000$

$200x > 2000$ $\therefore x > 10$

19 (3) $\dfrac{10}{200 + x} \times 100 \leq 4$

$1000 \leq 4 \times (200 + x)$

$1000 \leq 800 + 4x$

$200 \leq 4x$ $\therefore x \geq 50$

20 (3) $80 + x \geq \dfrac{20}{100} \times (500 + x)$

$8000 + 100x \geq 10000 + 20x$

$80x \geq 2000$ $\therefore x \geq 25$

21 8 %의 소금물의 양을 x g이라고 하자. 소금의 양의
관계를 이용하여 섞어야 할 8 % 소금물의 양을 부등
식을 세워 풀면

$\dfrac{5}{100} \times 100 + \dfrac{8}{100} \times x \geq \dfrac{6}{100} \times (100 + x)$

$500 + 8x \geq 600 + 6x$

$2x \geq 100$ $\therefore x \geq 50$

🏅 개념정복   P. 78~81

01 (1) ×   (2) ○

(3) ×   (4) ○

(5) ○

02 (1) $6x + 2 \geq 4x - 8$ (2) $3(x + 2) \geq 2x$

(3) $x + 6 < 10$ (4) $2500 + 800x \geq 4000$

(5) $x + 7 > 25$

03 (1) 2   (2) $-2, -1$

(3) $-2, -1, 0, 1$ (4) $-2, -1, 0, 1, 2$

(5) -2

04 (1) $\leq$ (2) $<$

(3) $\geq$ (4) $\geq$

(5) $\geq$ (6) $<$

05 (1) $2x \geq 2$ (2) $1-3x<-2$

(3) $4x<-4$ (4) $-3x+1\geq 4$

(5) $1+\dfrac{1}{2}x>2$ (6) $-2x-2\leq -6$

(7) $\dfrac{1}{4}x+\dfrac{3}{4}<0$

06 (1) ○   (2) ×

(3) ×   (4) ○

(5) ○

07 (1) $x>1$, 풀이 참조

(2) $x>3$, 풀이 참조

(3) $x\leq -1$, 풀이 참조

(4) $x\geq 1$, 풀이 참조

08 (1) $x>4$ (2) $x\leq 4$

(3) $x\geq -2$ (4) $x\leq 1$

(5) $x\geq 2$ (6) $x>5$

(7) $x>-1$

09 (1) $x\geq -9$ (2) $x<5$

(3) $x>-1$ (4) $x\geq 1$

(5) $x\geq 6$

10 (1) $x<-6$ (2) $x\geq 12$

(3) $x\geq 2$ (4) $x\leq 1$

11 (1) $a=15$ (2) $a=4$

(3) $a=-5$ (4) $a=-2$

(5) $a=3$

12 (1) $x\leq \dfrac{74}{5}$ 또는 $x\leq 14.8$

(2) 14개

13 (1) $x\geq 12$ (2) 12 cm 이상

14 (1) $x\geq 93$ (2) 93점

05 (1) $x\geq 1 \Rightarrow 2\times x\geq 2\times 1$

$\qquad\qquad 2x\geq 2$

(2) $x>1 \Rightarrow -3x<-3$

$\qquad\qquad 1-3x<1-3$

$\qquad\qquad 1-3x<-2$

(3) $x<-1 \Rightarrow 4x<(-1)\times 4$

$\qquad\qquad\qquad 4x<-4$

(4) $x\leq -1 \Rightarrow (-3)\times x\geq (-1)\times (-3)$

$\qquad\qquad\qquad -3x\geq 3$

$\qquad\qquad\qquad -3x+1\geq 4$

(5) $x>2 \Rightarrow \dfrac{1}{2}x>2\times \dfrac{1}{2}$

$\qquad\qquad 1+\dfrac{1}{2}x>1+1$

$\qquad\qquad 1+\dfrac{1}{2}x>2$

(6) $x\geq 2 \Rightarrow -2x\leq 2\times (-2)$

$\qquad\qquad -2x-2\leq -4-2$

$\qquad\qquad -2x-2\leq -6$

(7) $x<-3 \Rightarrow \dfrac{1}{4}x<-\dfrac{3}{4}$

$\qquad\qquad \dfrac{1}{4}x+\dfrac{3}{4}<-\dfrac{3}{4}+\dfrac{3}{4}$

$\qquad\qquad \dfrac{1}{4}x+\dfrac{3}{4}<0$

07 (1)

(2)

(3)

(4)

08 (1) $6x-3>6-1+4x,\ 2x>8\ \therefore x>4$

(4) $8x-4x+12\leq 16$

$\qquad 4x\leq 4\ \therefore x\leq 1$

(5) $2-2x\geq 10-6x$

$\qquad 4x\geq 8\ \therefore x\geq 2$

(6) $-5>1+4-2x$

$\qquad -10>-2x\ \therefore x>5$

(7) $2x+6<3x+12+5x$

$\qquad 2x-3x-5x<12-6$

$\qquad -6x<6\ \therefore x>-1$

09 (1) $5x+75\geq 30,\ 5x\geq -45\ \therefore x\geq -9$

(3) $2+4x>x-1,\ 3x>-3\ \therefore x>-1$

(5) $9x+6\geq 8x+12$

$\qquad x\geq 6$

10 (4) 양변에 10을 곱하면
$$-3(2x-2) \geq 2(5x-5)$$
$$-6x+6 \geq 10x-10$$
$$-16x \geq -16 \quad \therefore x \leq 1$$

11 (1) $5x-a \leq 2x$, $x \leq \dfrac{a}{3}$

$\dfrac{a}{3}=5$이여야 하므로 $\quad \therefore a=15$

12 (2) $500x+150 \times 4 \leq 8000$, $500x \leq 7400$
$$\therefore x \leq 14.8$$
따라서 사탕을 최대 14개까지 살 수 있다.

13 (2) 사다리꼴의 아랫변의 길이를 x cm라 하면
$$\dfrac{1}{2} \times (x+6) \times 4 \geq 36 \quad \therefore x \geq 12$$
따라서 아랫변의 길이는 12 cm 이상이다.

14 (1) $\dfrac{86+91+x}{3} \geq 90$
$$177+x \geq 90 \times 3 \quad \therefore x \geq 93$$

Ⅲ. 일차부등식과 연립일차방정식

2 연립일차방정식

P. 82~83

개념 07 미지수가 2개인 일차방정식

예 3

01 (1) ○   (2) ○
     (3) ○   (4) ○
     (5) ×   (6) ×
     (7) ○

02 (1) $a=1$, $b=2$, $c=-1$
     (2) $a=3$, $b=-4$, $c=2$
     (3) $a=1$, $b=-3$, $c=0$
     (4) $a=1$, $b=-2$, $c=1$
     (5) $a=2$, $b=-1$, $c=3$
     (6) $a=4$, $b=2$, $c=0$
     (7) $a=1$, $b=-2$, $c=-6$

03 (1) $a \neq 1$ (2) $b \neq -4$
     (3) $a \neq 2$, $b \neq 3$ (4) $a \neq \dfrac{1}{2}$, $b \neq -\dfrac{1}{3}$
     (5) $a \neq \dfrac{5}{2}$, $b \neq \dfrac{1}{2}$ (6) $a \neq 4$, $b \neq 5$
     (7) $a \neq \dfrac{6}{5}$, $b \neq 1$

04 (1) $x+y=28$ (2) $3x+2y=60$
     (3) $1000x+1500y=20000$
     (4) $4x+2y=40$

도전! 100점   **05** ③

02 (1) $x+2y-1=0$이므로 $a=1$, $b=2$, $c=-1$

03 (1) $(a-1)x-2y-1=0$에서 $a-1 \neq 0$
     $\therefore a \neq 1$
     (3) $(a-2)x+(3-b)y-1=0$에서
     $a-2 \neq 0$, $3-b \neq 0$ $\quad \therefore a \neq 2$, $b \neq 3$

05 ③ $y=xy+x-1$: xy의 차수는 2

P. 84~85

개념 08 미지수가 2개인 일차방정식의 해

예 2, 1

01 (1) ○   (2) ×
     (3) ○   (4) ×

02 (1) ×   (2) ○
     (3) ○

03 (1) ○   (2) ×
     (3) ○

04 (1) 10, 8, 6, 4, 2, 0
     (1, 10), (2, 8), (3, 6), (4, 4), (5, 2)
     (2) 6, $\dfrac{9}{2}$, 3, $\dfrac{3}{2}$, 0, $-\dfrac{3}{2}$, (1, 6), (3, 3)

05 (1) 2   (2) -2
     (3) 5

06 (1) 2   (2) 7
     (3) -2 (4) -3
     (5) 3   (6) -1

도전! 100점   **07** ④

01 (1) $x=-1$, $y=13$을 $3x+y=10$에 대입하면
$3\times(-1)+13=10$

02 (1) $x=1$, $y=8$을 $-2x+y=8$에 대입하면
$-2\times1+8=6\neq8$

03 (1) $x=2$, $y=3$을 $3x+2y=12$에 대입하면
$6+6=12$

05 (1) $x=1$, $y=-1$을 $ax-y=3$에 대입하면
$a+1=3$ $\therefore a=2$

06 (1) $x=a$, $y=-1$을 $4x+3y=5$에 대입하면
$4a-3=5$ $\therefore a=2$

07 ④ $x=8$, $y=-\dfrac{1}{3}$을 $4x-3y=8$에 대입하면
$$4\times8-3\times\left(-\dfrac{1}{3}\right)=33\neq8$$

P. 86~87

P. 86~87

 미지수가 2개인 연립일차방정식과 그 해

예 1, 1, 1

01 (1) ① 4, 3, 2, 1, 0   ② 7, 5, 3, 1, -1
연립방정식의 해 : $(4, 1)$

(2) ① 5, 4, 3, 2, 1   ② 3, $\dfrac{5}{2}$, 2, $\dfrac{3}{2}$, 1
연립방정식의 해 : $(5, 1)$

(3) ① 5, 6, 7, 8, 9   ② 5, 2, -1, -4, -7
연립방정식의 해 : $(1, 5)$

02 (1) ◯   (2) ×
(3) ◯   (4) ×

03 (1) $a=1$, $b=10$ (2) $a=2$, $b=2$
(3) $a=5$, $b=8$ (4) $a=\dfrac{1}{3}$, $b=0$
(5) $a=3$, $b=-3$ (6) $a=-1$, $b=1$
(7) $a=1$, $b=3$

도전! 100점 **04** ④

03 (1) $x=4$, $y=2$를 $2x+y=b$에 대입하면
$8+2=b$ $\therefore b=10$
$x=4$, $y=2$를 $ax+2y=8$에 대입하면
$4a+4=8$ $\therefore a=1$

04 $x+3y=7$의 해는 $(4, 1)$, $(1, 2)$
$2x+y=9$의 해는 $(1, 7)$, $(2, 5)$, $(3, 3)$, $(4, 1)$
따라서 연립방정식의 해는 $(4, 1)$이다.

P. 88~89

P. 88~89

 두 식의 합 또는 차를 이용한 연립방정식의 풀이

예 2

01 (1) 예 $\begin{cases} 2x-4y=2 \\ 2x+3y=5 \end{cases}$ (2) 예 $\begin{cases} 15x-3y=9 \\ -x+3y=8 \end{cases}$

(3) 예 $\begin{cases} 2x-2y=14 \\ 2x+y=5 \end{cases}$ (4) 예 $\begin{cases} 27x+6y=30 \\ -8x+6y=-40 \end{cases}$

02 (1) $x=10$, $y=4$ (2) $x=-5$, $y=2$
(3) $x=-2$, $y=10$ (4) $x=3$, $y=3$

03 (1) $x=2$, $y=0$ (2) $x=1$, $y=4$
(3) $x=3$, $y=2$ (4) $x=8$, $y=-1$
(5) $x=-1$, $y=-2$
(6) $x=1$, $y=2$

04 (1) $x=-3$, $y=1$ (2) $x=-2$, $y=1$
(3) $x=1$, $y=2$ (4) $x=-1$, $y=2$
(5) $x=-2$, $y=1$

도전! 100점 **05** ④

02 (1) $\begin{cases} x-y=6 & \cdots\cdots ① \\ x+y=14 & \cdots\cdots ② \end{cases}$ 에서
①+②를 하면 $2x=20$ $\therefore x=10$
$x=10$을 ②에 대입하면 $10+y=14$ $\therefore y=4$

03 (6) $\begin{cases} 2x+y=4 & \cdots\cdots ① \\ x+3y=7 & \cdots\cdots ② \end{cases}$ 에서
①$-$②$\times2$를 하면 $-5y=-10$ $\therefore y=2$
$y=2$를 ①에 대입하면 $2x+2=4$ $\therefore x=1$

04 (3) $\begin{cases} 3x+4y=11 & \cdots\cdots ① \\ 2x+3y=8 & \cdots\cdots ② \end{cases}$ 에서
①$\times2-$②$\times3$을 하면 $-y=-2$ $\therefore y=2$
$y=2$를 ②에 대입하면 $2x+6=8$ $\therefore x=1$

05 $\begin{cases} 4x+3y=7 & \cdots\cdots ① \\ 5x-2y=3 & \cdots\cdots ② \end{cases}$ 에서

①×2+②×3을 하면 $23x=23$　∴ $x=1$
$x=1$을 ②에 대입하면 $5-2y=3$　∴ $y=1$

P. 90~91

개념 11 대입을 이용한 연립방정식의 풀이

예 -1

01 (1) $-3x+2x=-2$
　(2) $2x+(x-3)=12$
　(3) $3x+(4-x)=6$
　(4) $2(2y+14)-y=13$
　(5) $3x+2(2x-1)=12$

02 (1) $x=2, y=4$　　(2) $x=-3, y=4$
　(3) $x=-1, y=3$　(4) $x=1, y=2$

03 (1) $x=3, y=2$　　(2) $x=-4, y=3$
　(3) $x=6, y=-1$　(4) $x=7, y=2$
　(5) $x=-3, y=-5$
　(6) $x=3, y=-2$　(7) $x=3, y=-2$
　(8) $x=1, y=1$

04 (1) -1　　　　　(2) -3
　(3) 3　　　　　　(4) 8

도전! 100점 05 ②

02 (2) $3x+(2x+10)=-5$에서 $5x=-15$
　　　∴ $x=-3$
　　　$x=-3$을 $y=2x+10$에 대입하면 $y=4$

03 (1) $x+(3x-7)=5$에서 $4x=12$　∴ $x=3$
　　　$x=3$을 $x+y=5$에 대입하면 $3+y=5$
　　　∴ $y=2$

04 (4) $\begin{cases} 2x+3y=8 \\ x+2y=5 \end{cases}$ 를 풀면 $x=1, y=2$
　　　$x=1, y=2$를 $-x+3y=a-3$에 대입하면
　　　$a=8$

05 $3x-2(2x-1)=-3, -x+2=-3$　∴ $x=5$
　　∴ $y=2x-1=10-1=9$

P. 92~95

개념 12 복잡한 연립방정식의 풀이

예 $7, 2, -10$

01 (1) $3x+2y=-1$　(2) $3x+4y=4$
　(3) $x+2y=-4$　(4) $5x-2y=-9$

02 (1) $x=-2, y=4$　(2) $x=-2, y=1$
　(3) $x=-\dfrac{1}{2}, y=-\dfrac{7}{4}$
　(4) $x=\dfrac{1}{2}, y=-1$
　(5) $x=3, y=2$　　(6) $x=1, y=-2$

03 (1) 예 $2x-3y=1$　(2) 예 $3x-8y=-12$
　(3) 예 $15x-10y=6$　(4) 예 $18x-15y=-5$

04 (1) $x=4, y=10$　(2) $x=-3, y=2$
　(3) $x=1, y=-\dfrac{4}{9}$　(4) $x=0, y=4$
　(5) $x=12, y=-7$　(6) $x=-2, y=-15$
　(7) $x=-11, y=-23$
　(8) $x=1, y=-1$
　(9) $x=-5, y=-4$
　(10) $x=-7, y=3$

05 (1) 예 $2x-3y=10$　(2) 예 $3x-5y=12$
　(3) 예 $x+4y=10$　(4) 예 $3x-50y=200$

06 (1) $x=5, y=2$　　(2) $x=3, y=3$
　(3) $x=1, y=7$　　(4) $x=7, y=2$
　(5) $x=1, y=1$　　(6) $x=2, y=\dfrac{13}{2}$
　(7) $x=1, y=2$　　(8) $x=1, y=0$
　(9) $x=13, y=10$　(10) $x=5, y=3$
　(11) $x=-2, y=-1$
　(12) $x=2, y=1$

07 (1) $x=8, y=5$　　(2) $x=2, y=-\dfrac{2}{5}$
　(3) $x=3, y=2$　　(4) $x=12, y=-4$
　(5) $x=-9, y=-10$
　(6) $x=3, y=-2$
　(7) $x=1, y=2$　　(8) $x=4, y=-6$
　(9) $x=2, y=3$　　(10) $x=3, y=1$

도전! 100점 08 ⑤　　　　09 ③

02 (2) $\begin{cases} 4x+y=-7 \\ x-2y=-4 \end{cases}$ 를 풀면 $x=-2, y=1$

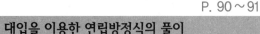

04 (1) $\begin{cases} x+y=14 \\ 4x-y=6 \end{cases}$ 을 풀면 $x=4,\ y=10$

   (4) $\begin{cases} 2x+3y=12 \\ 4x-5y=-20 \end{cases}$ 을 풀면 $x=0,\ y=4$

   (9) $\begin{cases} 2x-3y=2 \\ x-5y=15 \end{cases}$ 를 풀면 $x=-5,\ y=-4$

06 (1) $\begin{cases} 2x+y=12 \\ x-2y=1 \end{cases}$ 을 풀면 $x=5,\ y=2$

   (5) $\begin{cases} 5x+2y=7 \\ x-3y=-2 \end{cases}$ 를 풀면 $x=1,\ y=1$

07 (1) $\begin{cases} 5x+12y=100 \\ 5x-4y=20 \end{cases}$ 을 풀면 $x=8,\ y=5$

   (7) $\begin{cases} 2x-y=0 \\ x+2y=5 \end{cases}$ 를 풀면 $x=1,\ y=2$

   (8) $\begin{cases} 2x-3y=26 \\ x+2y=-8 \end{cases}$ 을 풀면 $x=4,\ y=-6$

08 $\begin{cases} 3x-y=6 \\ 10x+y=33 \end{cases}$ 을 풀면 $x=3,\ y=3$ ∴ $a+b=6$

09 $\begin{cases} 3x-2y=-10 \\ 3x+5y=4 \end{cases}$ 를 풀면 $x=-2,\ y=2$

P. 96~97

개념 13 $A=B=C$ 꼴의 연립방정식 / 해가 특수한 연립방정식

예 $2x-y,\ 3,\ 2$

01 (1) $x=11,\ y=28$ (2) $x=2,\ y=0$

   (3) $x=3,\ y=-1$ (4) $x=2,\ y=1$

   (5) $x=-1,\ y=1$ (6) $x=2,\ y=1$

   (7) $x=2,\ y=2$ (8) $x=\dfrac{3}{2},\ y=-\dfrac{1}{2}$

   (9) $x=3,\ y=\dfrac{12}{5}$ (10) $x=7,\ y=-9$

02 (1) 해가 무수히 많다.

   (2) 해가 없다.

   (3) 해가 무수히 많다.

03 (1) 1   (2) 3

   (3) -2

04 (1) 6   (2) -2

---

(3) -2 (4) 1

(5) -6

도전! 100점 05 ③

01 (2) $\begin{cases} 2x+y-2=2 \\ x-3y=2 \end{cases} \Rightarrow \begin{cases} 2x+y=4 \\ x-3y=2 \end{cases}$ 를 풀면
$x=2,\ y=0$

05 ③ $\begin{cases} 2x+y=3 & \cdots\cdots ① \\ 6x+3y=2 & \cdots\cdots ② \end{cases} \xrightarrow{①\times 3} \begin{cases} 6x+3y=9 \\ 6x+3y=2 \end{cases}$

P. 98~101

개념 14 연립방정식의 활용(1)

01 (1) 60, 6   (2) $\begin{cases} x+y=60 \\ x-y=6 \end{cases}$

   (3) $x=33,\ y=27$ (4) 33, 27

02 (1) $\begin{cases} x+y=36 \\ x-y=18 \end{cases}$ (2) $x=27,\ y=9$

   (3) 27, 9

03 (1) $\begin{cases} x+y=-4 \\ x-y=28 \end{cases}$ (2) $x=12,\ y=-16$

   (3) 12, -16

04 (1) 13, 9   (2) $x=7,\ y=6$

   (3) 76

05 (1) $\begin{cases} x+y=9 \\ 10y+x=10x+y+27 \end{cases}$

   (2) 36

06 (1) 53, 2   (2) $x=39,\ y=14$

   (3) 엄마 : 39살, 딸 : 14살

07 (1) $\begin{cases} x-y=26 \\ x-3=3(y-3) \end{cases}$

   (2) 42살

08 (1) 9, 5100   (2) $x=6,\ y=3$

   (3) 우유 : 6개, 과자 : 3개

09 (1) $\begin{cases} x+y=10 \\ 1000x+800y=9200 \end{cases}$

   (2) 4개

10 (1) 6, 20   (2) $x=4,\ y=2$

   (3) 강아지 : 4마리, 닭 : 2마리

11 (1) $\begin{cases} x+y=16 \\ 2x+4y=52 \end{cases}$　(2) 6대

12 (1) 4000, 5000　(2) $x=2000, y=1000$
　(3) 어른 : 2000원, 어린이 : 1000원

13 (1) $\begin{cases} 2x+3y=8600 \\ 3x+2y=9900 \end{cases}$
　(2) 어른 : 2500원, 어린이 : 1200원

14 (1) $\begin{cases} 4x+9y=10500 \\ x=3y \end{cases}$
　(2) 어른 : 1500원, 어린이 : 500원
　(3) 4500원

도전! 100점 **15** ③　　**16** ②

01 (3) $\begin{cases} x+y=60 & \cdots\cdots ① \\ x-y=6 & \cdots\cdots ② \end{cases}$ 에서
　①+②를 하여 풀면 $x=33, y=27$

04 (2) $\begin{cases} x+y=13 & \cdots\cdots ① \\ x-y=1 & \cdots\cdots ② \end{cases}$ 에서
　①+②를 하여 풀면 $x=7, y=6$

05 (2) $\begin{cases} x+y=9 & \cdots\cdots ① \\ x-y=-3 & \cdots\cdots ② \end{cases}$ 에서
　①+②를 하여 풀면 $x=3, y=6$
　따라서 처음 수는 36이다.

06 (2) $\begin{cases} x+y=53 & \cdots\cdots ① \\ x-2y=11 & \cdots\cdots ② \end{cases}$ 에서
　①-②를 하여 풀면 $x=39, y=14$

07 (2) $\begin{cases} x-y=26 & \cdots\cdots ① \\ x-3y=-6 & \cdots\cdots ② \end{cases}$ 에서
　①-②를 하여 풀면 $x=42, y=16$
　따라서 현재 아빠의 나이는 42살이다.

08 (2) $\begin{cases} x+y=9 & \cdots\cdots ① \\ 5x+7y=51 & \cdots\cdots ② \end{cases}$ 에서
　①×5-②를 하여 풀면 $x=6, y=3$

09 (2) $\begin{cases} x+y=10 & \cdots\cdots ① \\ 5x+4y=46 & \cdots\cdots ② \end{cases}$ 에서
　②-①×4를 하여 풀면 $x=6, y=4$
　따라서 머리핀을 4개 샀다.

10 (2) $\begin{cases} x+y=6 & \cdots\cdots ① \\ 2x+y=10 & \cdots\cdots ② \end{cases}$ 에서
　①-②를 하여 풀면 $x=4, y=2$

11 (2) $\begin{cases} x+y=16 & \cdots\cdots ① \\ x+2y=26 & \cdots\cdots ② \end{cases}$ 에서
　①-②를 하여 풀면 $x=6, y=10$
　따라서 주차장에 오토바이는 6대이다.

12 (2) $\begin{cases} x+2y=4000 & \cdots\cdots ① \\ 2x+y=5000 & \cdots\cdots ② \end{cases}$ 에서
　①×2-②를 하여 풀면 $x=2000, y=1000$

13 (2) $\begin{cases} 2x+3y=8600 & \cdots\cdots ① \\ 3x+2y=9900 & \cdots\cdots ② \end{cases}$ 에서
　①×3-②×2를 하여 풀면
　$x=2500, y=1200$
　따라서 어른 1명과 어린이 1명의 입장료는 각각
　2500원, 1200원이다.

14 (2) $\begin{cases} 4x+9y=10500 & \cdots\cdots ① \\ x=3y & \cdots\cdots ② \end{cases}$ 에서
　②를 ①에 대입하여 풀면 $x=1500, y=500$
　따라서 어른 1명과 어린이 1명의 입장료는 각각
　1500원, 500원이다.
　(3) $2\times1500+3\times500=3000+1500$
　　　　　　　　　$=4500$(원)

15 수영이의 나이를 x살, 진수의 나이를 y살이라 하면
　$\begin{cases} x=y+6 \\ 3y=2x \end{cases}$　$\therefore x=18, y=12$
　따라서 수영이의 나이는 18살이다.

16 초콜릿을 x개, 사탕을 y개 샀다고 하면
　$\begin{cases} x+y=20 \\ 500x+400y+2000=11200 \end{cases}$
　➡ $\begin{cases} x+y=20 \\ 5x+4y=92 \end{cases}$　$\therefore x=12, y=8$
　따라서 초콜릿은 사탕보다 $12-8=4$(개) 더 샀다.

개념 15 **연립방정식의 활용(2)**

01 (1) 9, 3　　(2) $\begin{cases} x+y=9 \\ \dfrac{x}{2}+\dfrac{y}{5}=3 \end{cases}$

　(3) $x=4,\ y=5$

　(4) 올라간 거리 : 4 km,
　　내려온 거리 : 5 km

02 (1) $\begin{cases} x+y=15 \\ \dfrac{x}{3}+\dfrac{y}{4}=\dfrac{9}{2} \end{cases}$　(2) $x=9,\ y=6$

　(3) 올라간 거리 : 9 km,
　　내려온 거리 : 6 km

03 (1) 600, 600　　(2) $\begin{cases} x+y=600 \\ \dfrac{1}{20}x+\dfrac{1}{10}y=48 \end{cases}$

　(3) $x=240,\ y=360$

　(4) 240 g　　(5) 360 g

04 (1) $\begin{cases} x+y=400 \\ \dfrac{12}{100}x+\dfrac{7}{100}y=\dfrac{9}{100}\times400 \end{cases}$

　(2) $x=160,\ y=240$

　(3) 160 g　　(4) 240 g

도전! 100점 05 ①

---

01 (3) $\begin{cases} x+y=9 & \cdots\cdots ① \\ \dfrac{x}{2}+\dfrac{y}{5}=3 & \cdots\cdots ② \end{cases}$ 에서

　①×2−②×10을 하여 풀면 $x=4,\ y=5$

02 (2) $\begin{cases} x+y=15 & \cdots\cdots ① \\ \dfrac{x}{3}+\dfrac{y}{4}=\dfrac{9}{2} & \cdots\cdots ② \end{cases}$ 에서

　①×3−②×12를 하여 풀면 $x=9,\ y=6$

03 (3) $\begin{cases} x+y=600 & \cdots\cdots ① \\ \dfrac{1}{20}x+\dfrac{1}{10}y=48 & \cdots\cdots ② \end{cases}$ 에서

　②×20−①을 하여 풀면 $x=240,\ y=360$

04 (2) $\begin{cases} x+y=400 & \cdots\cdots ① \\ \dfrac{3}{25}x+\dfrac{7}{100}y=36 & \cdots\cdots ② \end{cases}$ 에서

　②×100−①×7을 하여 풀면
　　$x=160,\ y=240$

---

05 올라간 거리를 x km, 내려온 거리를 y km라 하면

$\begin{cases} x+y=20 \\ \dfrac{x}{3}+\dfrac{y}{4}=6 \end{cases}$ ➡ $\begin{cases} x+y=20 & \cdots\cdots ① \\ 4x+3y=72 & \cdots\cdots ② \end{cases}$ 에서

①×3−②를 하여 풀면 $x=12,\ y=8$

개념정복

01 (1) $a\neq3,\ b\neq-2$　(2) $a\neq-2,\ b\neq-1$
　(3) $a\neq0,\ b\neq1$　(4) $a\neq5,\ b\neq1$
　(5) $a=1,\ b\neq2$

02 (1) $a=2,\ b=-5$　(2) $a=1,\ b=3$
　(3) $a=1,\ b=-6$　(4) $a=2,\ b=-1$

03 (1) $x+y=15$　(2) $4x-2y=8$
　(3) $\dfrac{5}{2}x=y$　(4) $3x+4y=88$

04 (1) ○　　(2) ×
　(3) ○　　(4) ×
　(5) ○

05 (1) 9　　(2) 5
　(3) 3　　(4) −1

06 (1) $a=2,\ b=2$　(2) $a=-2,\ b=-1$
　(3) $a=5,\ b=2$　(4) $a=-1,\ b=3$

07 (1) $x=-6,\ y=6$　(2) $x=-5,\ y=-5$
　(3) $x=4,\ y=-2$　(4) $x=7,\ y=2$

08 (1) $x=1,\ y=0$　(2) $x=-3,\ y=-2$
　(3) $x=\dfrac{7}{2},\ y=4$　(4) $x=5,\ y=2$

09 (1) $x=0,\ y=-1$　(2) $x=-1,\ y=-2$
　(3) $x=-3,\ y=4$　(4) $x=-3,\ y=2$
　(5) $x=2,\ y=4$

10 (1) $x=-1,\ y=3$　(2) $x=3,\ y=2$
　(3) $x=3,\ y=5$　(4) $x=-1,\ y=-3$
　(5) $x=4,\ y=2$

11 (1) $x=2,\ y=\dfrac{1}{2}$　(2) $x=7,\ y=9$
　(3) $x=5,\ y=2$　(4) $x=3,\ y=2$
　(5) $x=7,\ y=3$

12 (1) 해가 무수히 많다.

　(2) 해가 없다.

　(3) 해가 없다. 　　(4) 해가 무수히 많다.

　(5) 해가 없다. 　　(6) 해가 무수히 많다.

13 (1) 예 $\begin{cases} y=x+30 \\ y+5=2(x+5)+7 \end{cases}$

　(2) 48세

14 (1) 예 $\begin{cases} x+y=16 \\ \dfrac{x}{3}=\dfrac{y}{5} \end{cases}$

　(2) 10 km

01 (1) $a-3\neq0, b+2\neq0$이므로 $a\neq3, b\neq-2$

02 (1) $2x-5y+3=0$이므로 $a=2, b=-5$

　(2) $x+3y-4=0$이므로 $a=1, b=3$

　(3) $x-6y=0$이므로 $a=1, b=-6$

　(4) $2x-y+1=0$이므로 $a=2, b=-1$

05 (1) $x=2, y=a$를 $-2x+y=5$에 대입하면

　　$-4+a=5$ ∴ $a=9$

06 (1) $x=2, y=3$을 $ax-y=1$에 대입하면

　　$2a-3=1$ ∴ $a=2$

　　$x=2, y=3$을 $3x+by=12$에 대입하면

　　$6+3b=12$ ∴ $b=2$

07 (1) $\begin{cases} 3x+4y=6 & \cdots\cdots① \\ x+2y=6 & \cdots\cdots② \end{cases}$에서

　　①$-$②$\times2$를 하면 $x=-6$

　　$x=-6$을 ②에 대입하면 $-6+2y=6$

　　∴ $y=6$

08 (1) $x-1=-4x+4$에서 $5x=5$ ∴ $x=1$

　　$x=1$을 $y=x-1$에 대입하면 $y=0$

09 (1) $\begin{cases} 2x-7y=7 & \cdots\cdots① \\ 2x-5y=5 & \cdots\cdots② \end{cases}$에서

　　①$-$②를 하여 풀면 $x=0, y=-1$

10 (2) $\begin{cases} 3x+4y=17 & \cdots\cdots① \\ 4x+3y=18 & \cdots\cdots② \end{cases}$에서

　　①$\times4-$②$\times3$을 하여 풀면 $x=3, y=2$

11 (1) $\begin{cases} 3x+2y=7 & \cdots\cdots① \\ 4x-2y=7 & \cdots\cdots② \end{cases}$에서

　　①$+$②를 하여 풀면 $x=2, y=\dfrac{1}{2}$

13 형의 나이를 x살, 어머니의 나이를 y살이라 하면

$\begin{cases} y=x+30 \\ (y+5)=2(x+5)+7 \end{cases}$

➡ $\begin{cases} x-y=-30 & \cdots\cdots① \\ 2x-y=-12 & \cdots\cdots② \end{cases}$에서

①$-$②를 하면 $x=18$

$x=18$을 ①에 대입하면 $18-y=-30, y=48$

따라서 현재 어머니의 나이는 48살이다.

14 우겸이가 걸은 거리를 x km, 나연이가 걸은 거리를 y km라 하면

$\begin{cases} x+y=16 \\ \dfrac{x}{3}=\dfrac{y}{5} \end{cases}$ ➡ $\begin{cases} x+y=16 & \cdots\cdots① \\ y=\dfrac{5}{3}x & \cdots\cdots② \end{cases}$

②를 ①에 대입하면 $x+\dfrac{5}{3}x=16, \dfrac{8}{3}x=16$

∴ $x=6$

$x=6$을 ②에 대입하면 $y=\dfrac{5}{3}\times6=10$

따라서 나연이가 걸은 거리는 10 km이다.

내신정복 P. 108~110

01 ⑤ 　　　　**02** ⑤

03 (1) $2x+1>-1$ 　(2) $3x+2<8$

　(3) $-\dfrac{1}{3}x+5\leq4$

04 ② 　　　　**05** ②

06 (1) $x<\dfrac{1}{a}$ 　　(2) $x\leq2$

07 ④ 　　　　**08** ③

09 ③ 　　　　**10** ⑤

11 ⑤

12 (1) $a=2, b=3$ 　(2) $a=7, b=3$

　(3) $a=3, b=-1$

01 $x=-2, -1, 0, 1, 2$를 부등식에 각각 대입한다.

⑤ $x=-2$를 대입하면

$$\frac{1}{2} \times (-2) - 1 = -2 \geq -\frac{3}{2} \text{ (거짓)}$$

02 ⑤ $-4a-3 > -4b-3$이면 $a < b$이다.

03 (1) $x > -1 \Rightarrow 2x > -2 \Rightarrow 2x+1 > -1$

(2) $3x+2$의 값의 범위 구하기

$$x < 2 \Rightarrow 3x < 6 \Rightarrow 3x+2 < 8$$

(3) $x \geq 3 \Rightarrow -\frac{1}{3}x \leq -1 \Rightarrow -\frac{1}{3}x + 5 \leq 4$

04 ② $5x - 5x \leq 1 \Rightarrow 0 \leq 1$

05 $\dfrac{2x-5}{3} < \dfrac{1-5x}{4}$에서 $4(2x-5) < 3(1-5x)$

$8x - 20 < 3 - 15x$, $23x < 23$ $\therefore x < 1$

06 (1) $ax - 1 > 0 \Rightarrow ax > 1 \Rightarrow x < \dfrac{1}{a}\ (\because a < 0)$

(2) $ax + 2 \geq 2(a+1)$

$\Rightarrow ax + 2 \geq 2a + 2 \Rightarrow ax \geq 2a$

$\Rightarrow x \leq 2\ (\because a < 0)$

07 $\dfrac{x-a}{2} \geq \dfrac{x-1}{3}$에서 양변에 6을 곱하면,

$3(x-a) \geq 2(x-1)$

$3x - 3a \geq 2x - 2$ $\therefore x \geq 3a - 2$

$0.5(x-7) \geq 1.5$에서 양변에 2를 곱하면,

$x - 7 \geq 3$ $\therefore x \geq 10$

해가 같으므로 $3a - 2 = 10$ $\therefore a = 4$

08 ①, ②, ④, ⑤ $x > -2$

③ $-1 > x$

10 $x + y = 5$의 해는 $(1, 4), (2, 3), (3, 2), (4, 1)$

$2x + y = 6$의 해는 $(1, 4), (2, 2)$

따라서 연립방정식의 해는 $(1, 4)$이다.

11 $\begin{cases} 2x = 5y + 8 & \cdots\cdots ① \\ 4x - 7y = 19 & \cdots\cdots ② \end{cases}$ 에서 ①×2를 하면

$4x = 10y + 16$ $\cdots\cdots ③$

③을 ②에 대입하면 $(10y+16) - 7y = 19$

$10y + 16 - 7y = 19$ $\therefore y = 1$

$y = 1$을 ③에 대입하면 $x = \dfrac{13}{2}$

13 $\begin{cases} 0.1x - 0.4y = 1.3 \\ \dfrac{1}{5}x + \dfrac{3}{5}y = \dfrac{6}{5} \end{cases} \Rightarrow \begin{cases} x - 4y = 13 & \cdots\cdots ① \\ x + 3y = 6 & \cdots\cdots ② \end{cases}$

①-②를 하면 $-7y = 7$ $\therefore y = -1$

$y = -1$을 ②에 대입하면 $x - 3 = 6$ $\therefore x = 9$

14 ⑤ $\begin{cases} 2x + 3y = 4 & \cdots\cdots ① \\ -6x - 9y = -12 & \cdots\cdots ② \end{cases}$ 에서

①×(-3)을 하면 $-6x - 9y = -12$이므로

해가 무수히 많다.

15 ③ $\begin{cases} 2x + y = 10 & \cdots\cdots ① \\ 4x + 2y = -10 & \cdots\cdots ② \end{cases}$ 에서

①×2를 하면 $4x + 2y = 20$이므로

해가 없다.

16 시속 4 km로 걸은 거리를 x km라 하자.

(시간)$=\dfrac{(거리)}{(속력)}$에 관하여 식을 세우면,

$\dfrac{x}{4} + \dfrac{8-x}{3} \leq \dfrac{5}{2} \xrightarrow[\times 12]{\text{양변에}} 3x + 32 - 4x \leq 30$

$\Rightarrow -x \leq -2 \Rightarrow x \geq 2$

17 4 %의 소금물의 양을 x g이라 하자.

소금의 양$=\dfrac{(농도)\times(소금물의 양)}{100}$을 이용하여

식을 세우면

$\dfrac{4x}{100} + \dfrac{10}{100} \times (600-x) \leq \dfrac{8}{100} \times 600$

$\xrightarrow[\times 100]{\text{양변에}} 4x + 6000 - 10x \leq 4800$

$-6x \leq -1200$

$x \geq 200$

18 솔별이가 바나나를 x개, 자몽을 y개 샀다고 하면

$\begin{cases} x + y = 12 \\ 1000x + 3000y = 26000 \end{cases}$

$\Rightarrow \begin{cases} x + y = 12 & \cdots\cdots ① \\ x + 3y = 26 & \cdots\cdots ② \end{cases}$ 에서

①-②를 하면 $-2y = -14$ $\therefore y = 7$

$y=7$을 ①에 대입하면 $x+7=12$ $\therefore x=5$
따라서 솔별이는 바나나를 5개 샀다.

19 어른 입장료를 x원, 어린이 입장료를 y원이라 하자.

$$\begin{cases} 3x+y=3800 & \xrightarrow[\times 2]{\text{양변에}} \\ 2x+4y=5200 & \xrightarrow[\div 2]{\text{양변에}} \end{cases} \begin{cases} 6x+2y=7600 \cdots ① \\ x+2y=2600 \cdots ② \end{cases}$$

①−②를 하면 $5x=5000$ $\therefore x=1000$
$x=1000$을 ②에 대입하면, $y=800$
따라서 어른 1명 입장료는 1000원,
어린이 1명 입장료는 800원

Ⅳ. 일차함수

1 일차함수와 그래프

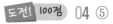

P. 112～113

개념 01 함수의 뜻

예 y, 6

01 (1) ○, 6, 9
(2) ×, 1, 3 / 1, 2, 4
(3) ○, 400, 800
(4) ○, 24, 8
(5) ×, 없다, 2
(6) ○, 0, 1, 2

02 (1) 1, $\dfrac{3}{2}$, $y=\dfrac{1}{2}x$
(2) 5, 10, 15, 20, $y=5x$
(3) 4, 8, 12, 16, $y=4x$
(4) 10, 20, 30, 40, $y=10x$

03 (1) 240, 120, 80, 60, $y=\dfrac{240}{x}$
(2) 180, 90, 60, 45, $y=\dfrac{180}{x}$
(3) 16, 8, $\dfrac{16}{3}$, 4, $y=\dfrac{16}{x}$

도전! 100점 **04** ⑤

03 (1) $xy=240$이므로 $y=\dfrac{240}{x}$
(2) $xy=180$이므로 $y=\dfrac{180}{x}$
(3) $xy=16$이므로 $y=\dfrac{16}{x}$

04 ⑤ $x=2$일 때, $y=4$, 8, 12, …로 x의 값 하나에 y의 값이 여러 개 대응된다. 따라서 함수가 아니다.

P. 114～115

개념 02 함숫값

예 6

01 (1) 3 (2) 6
(3) 0 (4) −3
(5) −12 (6) 1

(7) $-\dfrac{5}{2}$ (8) 15

02 (1) 3   (2) 2

(3) -6 (4) -1

(5) $\dfrac{3}{2}$

03 (1) -1 (2) 8

(3) -1 (4) 2

(5) -19 (6) 7

04 (1) 3   (2) -3

(3) -4 (4) 5

(5) 2

05 (1) -9 (2) 8

(3) $\dfrac{5}{2}$ (4) $\dfrac{4}{3}$

(5) 3

06 (1) 6   (2) -4

(3) 4   (4) 2

(5) $\dfrac{1}{3}$ (6) 2

도전! 100점   **07** ③

---

01 (8) $f(2)+f(3)=3\times2+3\times3=15$

03 (5) $f(2)=-6\times2-7=-19$

04 (3) $f\left(\dfrac{1}{2}\right)=\dfrac{1}{2}a=-2$ $\therefore a=-4$

(5) $a+4a=5a,\ 5a=10,\ a=2$

05 (1) $f(-2)=-2a=6,\ a=-3$

       $\therefore f(3)=-3\times3=-9$

(5) $f(4)=4a=8,\ a=2$

     $f(b)=2b=6$ $\therefore b=3$

06 (1) $f(2)=\dfrac{a}{2}=3,\ a=6$

       $\therefore f(1)=\dfrac{6}{1}=6$

(5) $f\left(\dfrac{1}{2}\right)=a\div x \Rightarrow a\div\dfrac{1}{2}=2 \Rightarrow a\times2=2$

             $\Rightarrow a=1$

       $\therefore f(3)=\dfrac{1}{3}$

---

(6) $f(7)=\dfrac{a}{7}=4,\ a=28$

     $\therefore f(b)=\dfrac{28}{b}=14$ $\therefore b=2$

07 $f(2)=3\times2=6$ $\therefore a=6$

$g(b)=\dfrac{6}{b}=2$ $\therefore b=3$

$\therefore f(3)+g(6)=9+1=10$

P. 116~117

개념 **03** 일차함수와 함숫값

예 일차함수이다, 4, -2

01 (1) ○   (2) ○

(3) ×   (4) ○

(5) ×

02 (1) $y=10-x,\ ○$ (2) $y=\dfrac{40}{x},\ ×$

(3) $y=100-3x,\ ○$

(4) $y=2x,\ ○$

03 (1) 1   (2) 3

(3) 5   (4) 2

(5) -4

04 (1) -3 (2) -4

(3) -5 (4) $-\dfrac{21}{5}$

05 (1) 0   (2) 3

(3) -1 (4) -2

도전! 100점   **06** ①, ④   **07** ⑤

---

06 ① $y=\dfrac{x}{4}$, 일차함수이다.

② $y=\dfrac{2}{x}$, 일차함수가 아니다.

③ $y=3x^2-3x$, 일차함수가 아니다.

④ $y=x^2+6x-x^2=6x$, 일차함수이다.

⑤ $y=4x+2-4x=2$, 일차함수가 아니다.

07 $f(3)=3\times3-5=9-5=4$

$f(-1)=3\times(-1)-5=-3-5=-8$

$\therefore f(3)-f(-1)=4-(-8)=12$

P. 118~121

개념 04 일차함수 $y=ax\,(a\neq0)$의 그래프

예 3, 증가

01 $-3, 6$, 풀이 참조

02 (1) $2, -4$, 풀이 참조
   (2) 풀이 참조

03 (1) ○   (2) ○
   (3) ×   (4) ○
   (5) ○   (6) ×

04 (1) ○   (2) ○
   (3) ×   (4) ○
   (5) ×   (6) ×

05 (1) $\dfrac{1}{2}$ (2) $\dfrac{4}{3}$
   (3) -3 (4) -2
   (5) -5 (6) $-\dfrac{7}{2}$
   (7) $\dfrac{5}{4}$ (8) $\dfrac{9}{2}$
   (9) -10 (10) $\dfrac{1}{8}$

06 (1) $y=x$ (2) $y=-\dfrac{2}{3}x$
   (3) $y=\dfrac{1}{3}x$ (4) $y=\dfrac{2}{5}x$
   (5) $y=\dfrac{3}{8}x$ (6) $y=-x$
   (7) $y=-3x$ (8) $y=-\dfrac{1}{3}x$

07 ①-ㄹ, ②-ㄱ, ③-ㄷ, ④-ㄴ

도전! 100점 08 ①

01 (1)

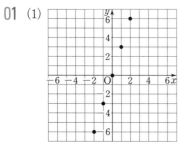

02 (1)

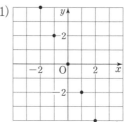

(2)

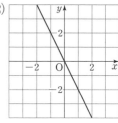

07 일차함수 $y=ax\,(a\neq0)$에서 그래프의 모양은 $a>0$일 때는 오른쪽 위로, $a<0$일 때는 오른쪽 아래로 향하는 직선이 된다.
또한, $|a|$가 클수록 그래프는 y축에 가깝다.

08 $y=ax$로 놓으면 $2=4a$이므로 $a=\dfrac{1}{2}$ $\therefore y=\dfrac{1}{2}x$

$\therefore b=\dfrac{1}{2}\times(-6)=-3$

P. 122~123

개념 05 일차함수 $y=ax+b\,(a\neq0)$의 그래프와 평행이동

예 $y, 3, y, 3$

01 (1) $6, 5, 4, 3, 2$, 풀이 참조
   (2) $-7, -5, -3, -1, 1$, 풀이 참조
   (3) $6, 4, 2, 0, -2$, 풀이 참조

02 (1) 2 (2) -3
   (3) $\dfrac{5}{6}$ (4) $-\dfrac{6}{5}$

03 (1) 7 (2) -6
   (3) $\dfrac{8}{9}$ (4) $-\dfrac{2}{3}$

04 (1) $y=3x+1$ (2) $y=5x+2$
   (3) $y=\dfrac{1}{3}x-5$ (4) $y=-4x+7$
   (5) $y=-2x+8$ (6) $y=-\dfrac{1}{2}x-\dfrac{1}{3}$
   (7) $y=-x+10$ (8) $y=-\dfrac{3}{4}x-3$

도전! 100점 05 ①

01 (1)

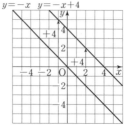

(2)

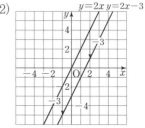

(3) $y=-2x$

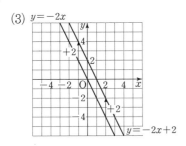

05 $y=-x+6-3=-x+3$이므로 $a=-1, b=3$
∴ $a-b=-4$

04 x절편이 9이므로 $x=9, y=0$을
$y=\dfrac{2}{3}x-k$의 그래프에 대입하면
$0=\dfrac{2}{3}\times9-k$ ∴ $k=6$
따라서 $y=\dfrac{2}{3}x-6$의 y절편은 -6이다.

P. 124～125

개념
06 **일차함수의 그래프와 절편**

예 $1, -2$

01 (1) $\begin{cases} x절편 : 2 \\ y절편 : -2 \end{cases}$ (2) $\begin{cases} x절편 : 3 \\ y절편 : -2 \end{cases}$

(3) $\begin{cases} x절편 : -1 \\ y절편 : 3 \end{cases}$ (4) $\begin{cases} x절편 : 4 \\ y절편 : 3 \end{cases}$

(5) $\begin{cases} x절편 : -5 \\ y절편 : -3 \end{cases}$ (6) $\begin{cases} x절편 : \dfrac{1}{2} \\ y절편 : \dfrac{3}{4} \end{cases}$

(7) $\begin{cases} x절편 : -\dfrac{7}{4} \\ y절편 : -\dfrac{3}{2} \end{cases}$

02 (1) x절편 : 2, y절편 : -6

(2) x절편 : $\dfrac{1}{3}$, y절편 : -2

(3) x절편 : $-\dfrac{1}{3}$, y절편 : $\dfrac{1}{4}$

(4) x절편 : 2, y절편 : 1

(5) x절편 : -4, y절편 : -6

(6) x절편 : -1, y절편 : $\dfrac{6}{7}$

(7) x절편 : 2, y절편 : 2

(8) x절편 : 3, y절편 : 15

03 (1) -2 (2) 4

(3) -8 (4) $\dfrac{2}{3}$

(5) -2

도전! 100점 04 ①

P. 126～127

개념
07 **일차함수의 그래프와 기울기**

예 5

01 (1) $\dfrac{2}{3}$ (2) $\dfrac{3}{4}$

(3) 1 (4) $-\dfrac{2}{3}$

(5) $-\dfrac{3}{4}$ (6) $-\dfrac{4}{3}$

(7) $-\dfrac{1}{2}$

02 (1) 3 (2) 3

(3) 2 (4) 2

(5) 3 (6) -10

03 (1) $\dfrac{5}{2}$ (2) 1

(3) 2 (4) $-\dfrac{3}{2}$

(5) -1 (6) -1

도전! 100점 04 ①

04 (기울기)$=\dfrac{12-8}{-1-3}=\dfrac{4}{-4}=-1$

P. 128～131

개념
08 **일차함수의 그래프 그리기**

01 (1) $-2, -1$, 풀이 참조
(2) $1, 5$, 풀이 참조
(3) $2, -4$, 풀이 참조
(4) $2, -3$, 풀이 참조
(5) $5, -3$, 풀이 참조

02 (1) $1, 3$, 풀이 참조

(2) -5, 1, 풀이 참조

(3) 1, 0, 풀이 참조

(4) 5, -1, 풀이 참조

(5) 2, -4, 풀이 참조

03 (1)~(4) 풀이 참조

04 (1) 1, -3, 풀이 참조

(2) 4, -2, 풀이 참조

(3) 3, 3, 풀이 참조

(4) 4, 1, 풀이 참조

05 (1)~(4) 풀이 참조

06 (1) $\dfrac{2}{3}$, -2, 풀이 참조

(2) $\dfrac{5}{4}$, 5, 풀이 참조

(3) $-\dfrac{1}{3}$, 1, 풀이 참조

(4) $-\dfrac{3}{2}$, 3, 풀이 참조

(5) $-\dfrac{5}{3}$, -5, 풀이 참조

도전! 100점 **07** ③

01 (1) 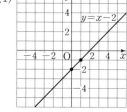　(2)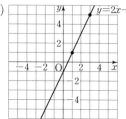

(3) 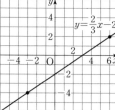　(4)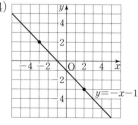

(5)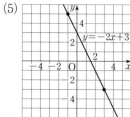

02 (1) 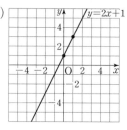　(2)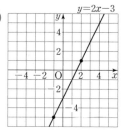

(3) 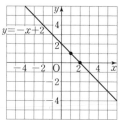　(4)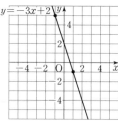

(5)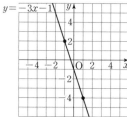

03 (1) 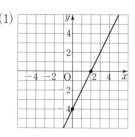　(2)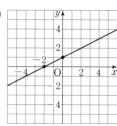

(3) 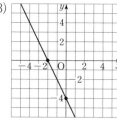　(4)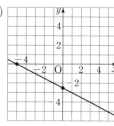

04 (1) 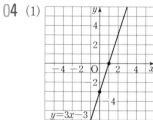　(2)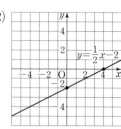

(3) 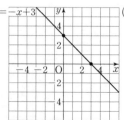　(4)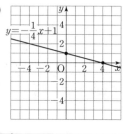

05 (1) y절편이 2이므로
점 $(0, 2)$를 지난다.

또, 기울기가 $\dfrac{2}{3}$이므로

점 $(0, 2)$에서 x의 값이
3만큼 증가할 때 y의 값도
2만큼 증가한다. 즉, 점 $(3, 4)$를 지난다.
따라서 주어진 일차함수의 그래프는 두 점 $(0, 2)$, $(3, 4)$를 지나는 직선이다.

(2) 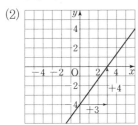   (3)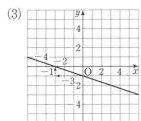

(4)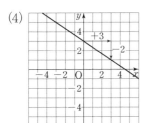

06 (1) 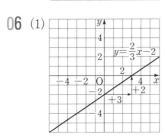   (2)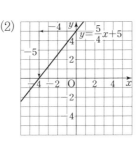

(3) 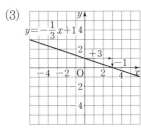   (4)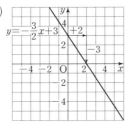

(5)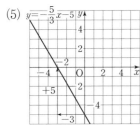

07 $y = -\dfrac{2}{3}x + 2$의 그래프는 두 점 $(3, 0)$, $(0, 2)$를 지나는 직선이다.

P. 132 ~ 133

개념 09 일차함수 $y = ax + b \ (a \neq 0)$의 그래프의 성질

예 1, 2, 4

01 (1) 위, 증가   (2) 위, 감소
(3) 아래, 감소   (4) 아래, 증가

02 (1) ㄴ, ㄷ, ㅁ, ㅂ   (2) ㄴ, ㄷ, ㅁ, ㅂ
(3) ㄱ, ㄹ

03 (1) $a > 0, b > 0$ (2) $a > 0, b < 0$
(3) $a < 0, b > 0$ (4) $a < 0, b < 0$

04 (1)~(4) 풀이 참조

도전! 100점 **05** ⑤

04 (1) 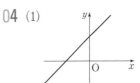   (2)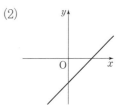

(3) 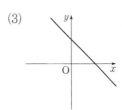   (4)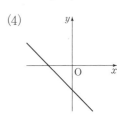

05 기울기의 절댓값이 클수록 y축에 가깝다.

P. 134 ~ 135

개념 10 일차함수의 그래프의 평행과 일치

예 평행하다

01 (1) 일치   (2) 일치
(3) 평행   (4) 평행
(5) 평행

02 (1) ㄷ과 ㅁ   (2) ㄴ과 ㅂ
(3) ㄷ과 ㅁ   (4) ㄴ과 ㅂ

03 (1) 5   (2) $\dfrac{6}{7}$
(3) $-\dfrac{2}{13}$ (4) $-\dfrac{1}{3}$

04 (1) 3   (2) 7
(3) $\dfrac{1}{3}$ (4) -4

05 (1) ┌ 일치할 조건 : $a=-\dfrac{1}{2}$, $b=-5$

  └ 평행할 조건 : $a=-\dfrac{1}{2}$, $b\neq-5$

 (2) ┌ 일치할 조건 : $a=-\dfrac{3}{2}$, $b=\dfrac{2}{5}$

  └ 평행할 조건 : $a=-\dfrac{3}{2}$, $b\neq\dfrac{2}{5}$

 (3) ┌ 일치할 조건 : $a=-6$, $b=\dfrac{5}{2}$

  └ 평행할 조건 : $a=-6$, $b\neq\dfrac{5}{2}$

도전! 100점 **06** ④

02 (3) 기울기가 $\dfrac{4}{3}$ 이고 y절편이 4이므로 평행한 것은 ㉢과 ㉤이다.

06 그래프의 기울기는 $\dfrac{2}{6}=\dfrac{1}{3}$ 이고 y절편은 -2이다.

P. 136～137

개념 **11** 일차함수의 식 구하기(1)

예 2, 3

01 (1) $y=5x-3$ (2) $y=-x+3$

 (3) $y=\dfrac{1}{2}x+\dfrac{2}{3}$ (4) $y=\dfrac{3}{5}x-\dfrac{1}{2}$

 (5) $y=-\dfrac{7}{8}x-\dfrac{2}{7}$ (6) $y=3x+\dfrac{1}{3}$

 (7) $y=\dfrac{3}{2}x-5$ (8) $y=\dfrac{1}{3}x+6$

 (9) $y=-5x-3$ (10) $y=-\dfrac{4}{5}x-\dfrac{2}{9}$

02 (1) $y=\dfrac{2}{3}x+1$ (2) $y=3x+1$

 (3) $y=-4x-2$

03 (1) $y=x+2$ (2) $y=-2x+10$

 (3) $y=-\dfrac{1}{3}x-\dfrac{1}{3}$ (4) $y=-\dfrac{3}{2}x+5$

 (5) $y=\dfrac{1}{2}x-\dfrac{1}{2}$ (6) $y=-\dfrac{3}{5}x+7$

 (7) $y=2x+2$ (8) $y=\dfrac{2}{3}x-2$

도전! 100점 **04** ②

04 $y=-3x+5$의 그래프와 평행하므로 기울기는 -3이고, 점 $(0,-2)$를 지나므로 y절편은 -2이다.
∴ $y=-3x-2$

P. 138～139

개념 **12** 일차함수의 식 구하기(2)

01 (1) $y=x+1$ (2) $y=2x+6$

 (3) $y=-6x+17$ (4) $y=-3x-2$

02 (1) $y=x+3$ (2) $y=-x-2$

 (3) $y=\dfrac{3}{2}x+\dfrac{9}{2}$

03 (1) $y=x-3$ (2) $y=3x-6$

 (3) $y=\dfrac{5}{2}x-5$ (4) $y=-\dfrac{3}{2}x+6$

 (5) $y=-2x+5$ (6) $y=4x+4$

 (7) $y=-3x+15$ (8) $y=\dfrac{1}{7}x-1$

04 (1) $y=\dfrac{8}{5}x+8$ (2) $y=-x+3$

 (3) $y=-x-2$ (4) $y=-3x+3$

도전! 100점 **05** ④

03 (1) $y=-\dfrac{-3}{3}x+(-3)$ ➡ $y=x-3$

 (7) x절편이 5이므로 점 $(5,0)$을 지나고
   $y=-2x+15$의 그래프와 y축 위에서 만나므로
   y절편이 같다. 즉, 점 $(0,15)$를 지난다.
   ∴ $y=-3x+15$

05 (기울기) $=-\dfrac{0-7}{2-0}=\dfrac{7}{2}$ 이고, y절편이 7이므로
   $y=\dfrac{7}{2}x+7$에서 $a=\dfrac{7}{2}$, $b=7$
   ∴ $\dfrac{a}{b}=\dfrac{1}{2}$

P. 140～143

개념 **13** 일차함수의 활용

01 (1) $0.1x$ cm   (2) $y=25-0.1x$

 (3) 19 cm   (4) 150분 후

02 (1) $0.2x$ cm   (2) $y=30-0.2x$

 (3) 24 cm   (4) 125분 후

 (5) 150분

03 (1) $0.5x$ cm   (2) $y=20+0.5x$
     (3) 27.5 cm   (4) 56 g

04 (1) $y=50+0.2x$ (2) 55 cm
     (3) 50 g

05 (1) $0.006x$ ℃   (2) $y=15-0.006x$
     (3) 3 ℃   (4) 1500 m

06 (1) $y=28-0.006x$
     (2) 10 ℃   (3) 1000 m

07 (1) $0.5x$ L   (2) $y=50-0.5x$
     (3) 40 L   (4) 90분 후

08 (1) $y=10-\dfrac{1}{18}x$ (2) 6 L
     (3) 90 km

09 (1) $70x$ km   (2) $y=350-70x$
     (3) 210 km   (4) 4시간 후

10 (1) $y=400-80x$ (2) 160 km
     (3) 5시간 후

11 (1) $2x$ cm   (2) $y=60x$
     (3) 600 cm^2 (4) 7초 후

12 (1) $(27-3x)$ cm   (2) $y=648-72x$
     (3) 288 cm^2

13 (1) $(12-x)$ cm   (2) $y=240-10x$
     (3) 160 cm^2 (4) 7초 후

도전! 100점   **14** ③   **15** ②

14 x분 후의 물의 온도를 y ℃라 하면 $y=70-0.5x$
$x=24$를 대입하면 $y=70-12=58$
따라서 24분 후 물의 온도는 58℃이다.

15 $y=20-\dfrac{1}{16}x$이므로 $y=14$를 대입하면
$14=20-\dfrac{1}{16}x$, $\dfrac{1}{16}x=6$ $\therefore x=96$
따라서 남아 있는 휘발유의 양이 14 L가 되는 것은
96 km를 달린 후이다.

개념정복   P. 144~147

01 (1) ○   (2) ×   (3) ○
     (4) ×   (5) ○

02 (1) -3 (2) -6 (3) 9

     (4) $-\dfrac{4}{3}$ (5) 5

03 (1) 2 (2) -6
     (3) 6 (4) 4

04 (1) -3 (2) $\dfrac{4}{3}$
     (3) 2 (4) 3

05 (1) ○   (2) ×   (3) ○
     (4) ×   (5) ○   (6) ○

06 (1) 4 (2) -3
     (3) -2 (4) $\dfrac{1}{2}$
     (5) 2 (6) -1
     (7) 6 (8) $-\dfrac{1}{3}$

07 (1) $y=-x+1$ (2) $y=3x-1$
     (3) $y=3x-\dfrac{1}{2}$ (4) $y=2x+5$
     (5) $y=-x-5$

08 x절편 : -3, y절편 : -2

09 (1) 4 (2) 2
     (3) 4 (4) 8

10 (1) 3 (2) -1
     (3) -2 (4) $-\dfrac{1}{2}$

11 (1) $\dfrac{3}{4}$, 1, 풀이 참조
     (2) $-\dfrac{2}{3}$, -2, 풀이 참조

12 (1) 위, 증가   (2) 아래, 감소
     (3) 위, 감소

13 ㉠과 ㉣, ㉡과 ㉢, ㉤과 ㉥

14 (1) $y=-x+6$ (2) $y=\dfrac{1}{2}x+2$
     (3) $y=4x+2$ (4) $y=-5x+15$
     (5) $y=3x-5$

15 (1) $y=-x+2$ (2) $y=\dfrac{1}{2}x-2$
     (3) $y=4x-5$ (4) $y=-\dfrac{2}{3}x+4$

16 (1) $y=60+0.3x$ (2) 66 cm
     (3) 70 g

03
(1)(i) $f(2)=2a=4$ $\therefore a=2$
(ii) $f(1)=2\times1=2$ $\therefore b=2$
(2)(i) $f(-1)=-a=3$ $\therefore a=-3$
(ii) $f(2)=(-3)\times2=-6$ $\therefore b=-6$
(3)(i) $f(3)=3a=-2$ $\therefore a=-\dfrac{2}{3}$
(ii) $f(b)=-\dfrac{2}{3}b=-4$ $\therefore b=6$
(4)(i) $f(-4)=-4a=2$ $\therefore a=-\dfrac{1}{2}$
(ii) $f(b)=-\dfrac{1}{2}b=-2$ $\therefore b=4$

04
(1)(i) $f(-2)=\dfrac{a}{-2}=3$ $\therefore a=-6$
(ii) $f(2)=-\dfrac{6}{2}=-3$ $\therefore b=-3$
(2)(i) $f(4)=\dfrac{a}{4}=2$ $\therefore a=8$
(ii) $f(6)=\dfrac{8}{6}=\dfrac{4}{3}$ $\therefore b=\dfrac{4}{3}$
(3)(i) $f(4)=\dfrac{a}{4}=-1$ $\therefore a=-4$
(ii) $f(b)=-\dfrac{4}{b}=-2$ $\therefore b=2$
(4)(i) $f(6)=\dfrac{a}{6}=\dfrac{1}{2}$ $\therefore a=3$
(ii) $f(b)=\dfrac{3}{b}=1$ $\therefore b=3$

07
(4) $y=2x+2 \xrightarrow[+3]{y\text{축}} y=2x+5$
(5) $y=-x-3 \xrightarrow[-2]{y\text{축}} y=-x-5$

11
(1) 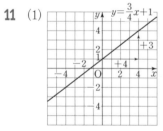 (2)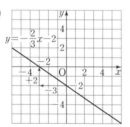

14
(1) $y=-x+b \xrightarrow[\text{대입}]{\text{점}(1,5)} y=-x+6$
(2) $y=\dfrac{1}{2}x+b \xrightarrow[\text{대입}]{\text{점}(2,3)} y=\dfrac{1}{2}x+2$
(5) $y=3x+b \xrightarrow[\text{대입}]{\text{점}(1,-2)} y=3x-5$

15
(3) 기울기$=\dfrac{7-(-1)}{3-1}=\dfrac{8}{2}=4$,
$y=4x+b \xrightarrow[\text{대입}]{\text{점}(1,-1)} y=4x-5$
(4) 기울기$=\dfrac{2-6}{3-(-3)}=-\dfrac{4}{6}=-\dfrac{2}{3}$,
$y=-\dfrac{2}{3}x+b \xrightarrow[\text{대입}]{(3,2)} y=-\dfrac{2}{3}x+4$

Ⅳ. 일차함수

2 일차함수와 일차방정식의 관계

P. 148～151

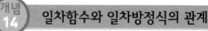

개념 **14** 일차함수와 일차방정식의 관계

01 (1) 5, 4, 3, 2, 1   (2)~(3) 풀이 참조
02 (1) 6, 5, 4, 3, 2, 1   (2)~(3) 풀이 참조
03 (1) 11, 9, 7, 5, 3, 1
(2)~(3) 풀이 참조
04 (1) $y=2x+3$ (2) $y=\dfrac{2}{3}x+\dfrac{4}{3}$
(3) $y=-\dfrac{1}{3}x+\dfrac{1}{3}$ (4) $y=-\dfrac{1}{4}x-\dfrac{3}{4}$
05 (1) 기울기 : -1, x절편 : -3, y절편 : -3
(2) 기울기 : 1, x절편 : -2, y절편 : 2
(3) 기울기 : 3, x절편 : $\dfrac{2}{3}$, y절편 : -2
(4) 기울기 : -5, x절편 : $-\dfrac{1}{5}$, y절편 : -1
(5) 기울기 : -3, x절편 : $-\dfrac{4}{3}$, y절편 : -4
(6) 기울기 : $\dfrac{2}{3}$, x절편 : -3, y절편 : 2
(7) 기울기 : $\dfrac{3}{2}$, x절편 : -2, y절편 : 3
(8) 기울기 : $-\dfrac{2}{3}$, x절편 : 2, y절편 : $\dfrac{4}{3}$
(9) 기울기 : $\dfrac{3}{5}$, x절편 : $-\dfrac{1}{3}$, y절편 : $\dfrac{1}{5}$
06 (1) $y=x+1$, 풀이 참조
(2) $y=2x+4$, 풀이 참조
(3) $y=-x-3$, 풀이 참조
(4) $y=\dfrac{2}{3}x-2$, 풀이 참조
07 (1) ×   (2) ○

(3) ○   (4) ×

(5) ×

08 (1) $a=-5$ (2) $a=1$

(3) $a=-3$ (4) $a=4$

09 (1) ○   (2) ×

(3) ○   (4) ×

(5) ○

10 (1) ㉠, ㉢   (2) ㉡, ㉣

(3) ㉡, ㉢   (4) ㉠, ㉣

11 (1) ㉢   (2) ㉠

(3) ㉣   (4) ㉡

도전! 100점 12 ④

08 (2) 점 $(3, -1)$을 $3x-ay=10$에 대입하면,

$$3\times3-a\times(-1)=10,\ a=1$$

(4) 점 $(6, a+1)$을 $x-2y+4=0$에 대입하면,

$$6-2(a+1)+4=0,\ a=4$$

12 $3x+2y-4=0$에서 $y=-\dfrac{3}{2}x+2$

P. 152~153

개념 15 **축에 평행한 직선**

01 (1) 4, 4, 4, 4, 4, 풀이 참조

(2) $-2, -2, -2, -2, -2$, 풀이 참조

02 (1) 3, 3, 3, 3, 3, 풀이 참조

(2) $-2, -2, -2, -2, -2$, 풀이 참조

03 (1) $x=2$ (2) $x=-3$

(3) $y=-1$ (4) $y=7$

04 (1) $x=2$ (2) $x=6$

(3) $y=-1$ (4) $y=-2$

(5) $x=a$

05 (1) $a=3$ (2) $a=-5$

도전! 100점 06 ⑤

01 (2) 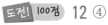 (3)

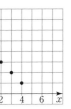 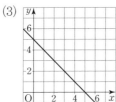

02 (2) (3)

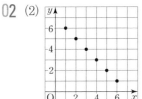 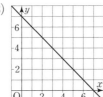

03 (2) (3)

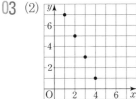 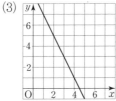

06 (1) (2)

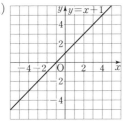 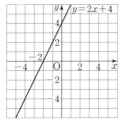

(3) (4)

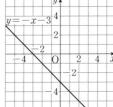 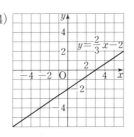

01 (1)  (2)

02 (1)  (2)

04 (1) 두 점의 x좌표가 같으므로 y축에 평행한 직선

$$x=2$$

(3) 두 점의 y좌표가 같으므로 x축에 평행한 직선

$$y=-1$$

(5) 두 점의 x좌표가 같으므로 y축에 평행한 직선

$$x=a$$

05 (1) y축에 평행한 직선의 방정식은 $x=p$꼴이므로

$$3a=9,\ a=3$$

(2) y축에 수직인 직선의 방정식은 $y=q$꼴이므로
   $2a-3=-13$, $a=-5$

06 x축에 수직인 직선의 방정식은 $x=p$꼴이므로
   $-a+5=2a-4$에서 $3a=9$ $\therefore a=3$

P. 154~155

 개념 16 **연립방정식의 해와 그래프**

예 1, 2

01 (1) $x=2, y=4$ (2) $x=2, y=-3$
   (3) $x=-1, y=5$ (4) $x=2, y=-1$
   (5) $x=3, y=0$
02 (1) 풀이 참조, $x=1, y=1$
   (2) 풀이 참조, $x=3, y=2$
   (3) 풀이 참조, $x=-1, y=2$
03 (1) $(1, 3)$ (2) $(-1, 3)$
   (3) $(-1, -2)$
04 (1) $a=2, b=1$ (2) $a=4, b=2$
   (3) $a=3, b=-2$ (4) $a=2, b=7$
   (5) $a=5, b=3$

도전! 100점 05 ④

02 (1) 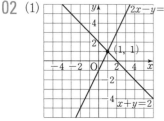   (2)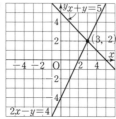

   (3)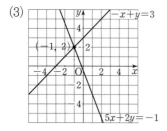

04 (1) $x=4, y=5$를 $ax-y-3=0$에 대입하면
   $4a-5-3=0$ $\therefore a=2$
   $x=4, y=5$를 $x+by=9$에 대입하면
   $4+5b=9$ $\therefore b=1$
05 연립방정식의 해는 두 그래프의 교점의 좌표와 같으
   므로 해는 $x=2, y=4$이다.

P. 156~157

개념 17 **연립방정식의 해의 개수와 그래프**

01 (1) 해가 없다.
   (2) 해가 없다.
02 (1) 평행, 해가 없다.
   (2) 한 점에서 만난다. 1개
   (3) 일치, 해가 무수히 많다.
   (4) 평행, 해가 없다.
03 (1) $a=-1, b\neq-2$
   (2) $a=2, b\neq4$
   (3) $a=-2, b\neq-4$
   (4) $a\neq3, b=-2$
   (5) $a=-6, b\neq-\dfrac{5}{2}$
   (6) $a=\dfrac{1}{2}, b\neq-\dfrac{3}{4}$
   (7) $a=-\dfrac{4}{3}, b\neq9$
   (8) $a\neq12, b=\dfrac{5}{2}$
04 (1) $a=7, b=-7$ (2) $a=-2, b=-5$
   (3) $a=6, b=2$ (4) $a=\dfrac{3}{2}, b=-4$
   (5) $a=-3, b=-\dfrac{2}{3}$

도전! 100점 05 ③

01 (1) 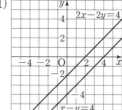   (2)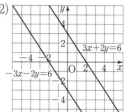

05 두 그래프가 평행해야 하므로
   $\dfrac{1}{a}=\dfrac{2}{6}\neq\dfrac{1}{8}$ $\therefore a=3$

🔧 **개념정복**

P. 158~161

01 (1) ㉠   (2) ㉣
   (3) ㉡   (4) ㉢
02 (1) 1, 3, -3 (2) $\dfrac{1}{2}$, -4, 2

(3) $-\dfrac{3}{2}$, 2, 3　　(4) 4, $-\dfrac{3}{4}$, 3

(5) -6, $-\dfrac{1}{3}$, -2

03 (1) ○　　　　　(2) ×

(3) ○　　　　　(4) ×

(5) ○

04 (1) $a=-6$　　(2) $a=1$

(3) $a=4$　　(4) $a=-2$

(5) $a=1$

05 (1) ○　　　　　(2) ×

(3) ○　　　　　(4) ○

(5) ×

06 (1) ㉡, ㉢　　(2) ㉠, ㉣

(3) ㉠, ㉢　　(4) ㉡, ㉣

07 (1)~(2) 풀이 참조

08 (1) $x=2$　　(2) $x=-3$

(3) $x=-4$　　(4) $y=2$

(5) $y=-2$　　(6) $y=9$

09 (1) $a=1$　　(2) $a=-1$

(3) $a=2$　　(4) $a=0$

10 (1) $(2, 3)$　　(2) $(2, 1)$

(3) $(2, 2)$　　(4) $(-1, 0)$

11 (1) $a=4$, $b=-3$　　(2) $a=3$, $b=-2$

(3) $a=-1$, $b=2$　　(4) $a=2$, $b=7$

12 (1) $x=-2$, $y=3$　　(2) $x=1$, $y=2$

13 (1) 일치, 해가 무수히 많다.

(2) 평행, 해가 없다.

(3) 한 점에서 만난다, 1개

(4) 일치, 해가 무수히 많다.

(5) 평행, 해가 없다.

14 (1) $a=-2$, $b\neq5$　　(2) $a\neq-21$, $b=1$

(3) $a=6$, $b\neq-\dfrac{4}{3}$　　(4) $a\neq-6$, $b=\dfrac{9}{2}$

(5) $a=2$, $b\neq-8$

15 (1) $a=3$, $b=10$　　(2) $a=-2$, $b=-2$

(3) $a=\dfrac{5}{2}$, $b=-8$　　(4) $a=-2$, $b=5$

(5) $a=1$, $b=-6$

02 (4) $y=4x+3$ ➡ 기울기 : 4, y절편 3

➡ $y=0$일때, x절편 $-\dfrac{3}{4}$

(5) $y=-6x-2$ ➡ 기울기 : -6, y절편 -2

➡ $y=0$일때, x절편 $-\dfrac{1}{3}$

04 (1) 점 $(0, 3)$을 $3x-2y=a$에 대입하면

$3\times0-2\times3=a$　　$\therefore a=-6$

(4) 점 $(5, a+1)$을 $x+2y-3=0$에 대입하면

$5+2(a+1)-3=0$

$5+2a+2-3=0$　　$\therefore a=-2$

07 (1) 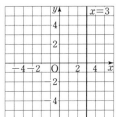　(2)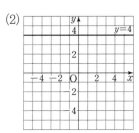

09 (3) 직선의 방정식이 $y=q$꼴이므로

$3a-1=5$　　$\therefore a=2$

(4) 직선의 방정식이 $x=p$꼴이므로

$1-2a=1$　　$\therefore a=0$

내신정복　P. 162~164

01 ④	**02** ②
03 ⑤	**04** 15
05 ⑤	**06** ⑤
07 ①	**08** ②
09 ④	**10** ④
11 $-\dfrac{2}{3}$	**12** ②
13 ③	**14** ⑤
15 ④	**16** ⑤
17 ②	**18** ③

01 ④ $x=4$일 때, $y=1$, 3으로 x의 값 하나에 y의 값이 여러 개 대응되므로 함수가 아니다.

02 ② $x=2$일 때, $y=\dfrac{1}{3}$이다.

03 ⑤ $-12=\dfrac{3}{2}\times(-8)$: 참

04 $f(3)=2\times3+1=7$　　$\therefore a=7$
　　$f(a)=f(7)=2\times7+1=15$

05 ① 원점을 지나지 않고, 원점에 대하여 대칭인 한쌍
　　의 곡선이다.
　　② 점 $(2,6)$을 지난다.
　　③ 제1사분면과 제3사분면에 있다.
　　④ y는 x에 반비례한다.

06 $f(x)$에 $A(3,-6)$을 대입하면,
　　$3a=-6$, $a=-2$, $f(x)=-2x$
　　$B(2a,b)=B(-4,b)$이므로
　　$f(-4)=(-2)\times(-4)=8$　$\therefore b=8$
　　$a+b=-2+8=6$

07 $y=-2x+3\xrightarrow[-5]{y축\ 방향으로}y=-2x+3-5$
　　$\rightarrow y=-2x-2$
　　$a=-2$, $b=-2$이므로 $a+b=-4$

08 x절편이 10이므로 $(10,0)$을 일차함수에 대입하면,
　　$0=\dfrac{3}{5}\times10-k$　　$\therefore k=6$
　　y절편은 $-k$이므로 -6이다.

09 기울기가 $-\dfrac{2}{3}$인 일차함수를 찾는다.

10 일차함수 $y=-2x+6$과 x축 및 y축과의 교점을
　　구하면 각각 $(3,0)$, $(0,6)$이다.
　　도형의 넓이는 $3\times6\times\dfrac{1}{2}=9$이다.

11 $2y=ax+4\Rightarrow y=\dfrac{a}{2}x+2$에서
　　기울기가 3이므로 $a=6$
　　$y=3x+2$에서
　　$y=0$일 때, $x=-\dfrac{2}{3}$

12 두 점 $(-1,4)$, $(5,2)$를 지나는 일차함수식을 구
　　하면 (기울기)$=\dfrac{2-4}{5-(-1)}=-\dfrac{1}{3}$이다.
　　$y=-\dfrac{1}{3}x+b$에서 $(5,2)$를 대입하면 $b=\dfrac{11}{3}$

13 y축에 수직인 직선의 방정식은 $y=q$꼴이므로

두 점의 y좌표가 같다.
　　$a=-2a+9$
　　$3a=9$　　$\therefore a=3$

14 $\begin{cases}x+y=7\\x+3y=13\end{cases}$ 의 교점은 $(4,3)$이고
　　$y=3x-5$의 그래프와 평행하므로 기울기는 3이다.
　　$y=3x+b$에 점 $(4,3)$을 대입하면
　　$b=-9$이므로 $y=3x-9$이다.

15 $-2x-3y+6=0$
　　$-3y=2x-6$
　　$\therefore y=-\dfrac{2}{3}x+2$

16 해가 존재하지 않기 위해서는 두 그래프가 평행해야
　　하므로
　　$\dfrac{2}{6}=\dfrac{3}{a}\neq\dfrac{3}{2}$　　$\therefore a=9$

17 $y=20-\dfrac{1}{14}x$이므로 $y=13$을 대입하면
　　$13=20-\dfrac{1}{14}x$, $\dfrac{1}{14}x=7$　　$\therefore x=98$

18 매 1분 $0.5\,\text{cm}$씩 탄다.
　　$y=20-0.5x$이므로 $x=16$을 대입하면
　　$y=20-0.5\times16$　　$\therefore y=12$

중학수학
절대강자

정답 및 해설

개념　연산

펴낸곳 (주)에듀왕
개발총괄 박명전
편집개발 황성연, 최형석, 임은혜
표지/내지디자인 디자인뷰
조판 및 디자인 총괄 장희영
주소 경기도 파주시 광탄면 세류길 101
출판신고 제 406-2007-00046호
내용문의 1644-0761

⚠ 주 의
• 책의 날카로운 부분에 다치지 않도록 주의하세요.
• 화기나 습기가 있는 곳에 가까이 두지 마세요.

KC마크는 이 제품이 공통안전기준에 적합하였음을 의미합니다.

중학수학

절대강자